工程衛士
建設管家

王早生

二〇二二年八月十六日

# 2024 中国建设监理与咨询

## ——智慧监理创新发展

组织编写　　中国建设监理协会

中国建筑工业出版社

**图书在版编目（CIP）数据**

2024中国建设监理与咨询：智慧监理创新发展 / 中国建设监理协会组织编写 . — 北京：中国建筑工业出版社，2024.4
ISBN 978-7-112-29762-7

Ⅰ . ①2… Ⅱ . ①中… Ⅲ . ①建筑工程－监理工作－研究－中国 Ⅳ . ①TU712.2

中国国家版本馆CIP数据核字（2024）第076343号

责任编辑：陈小娟 焦 阳
责任校对：姜小莲

2024中国建设监理与咨询
——智慧监理创新发展
组织编写 中国建设监理协会
*
中国建筑工业出版社出版、发行（北京海淀三里河路9号）
各地新华书店、建筑书店经销
北京雅盈中佳图文设计公司制版
天津裕同印刷有限公司印刷
*
开本：880毫米 × 1230毫米 1/16 印张：$7^1/_2$ 字数：300千字
2024年4月第一版 2024年4月第一次印刷
定价：35.00元
ISBN 978-7-112-29762-7
（42866）

目录 CONTENTS

## 行业发展 8



## 政策法规 15



## 聚焦 全国建设监理协会秘书长工作会议在天津顺利召开 16

## 监理论坛 17

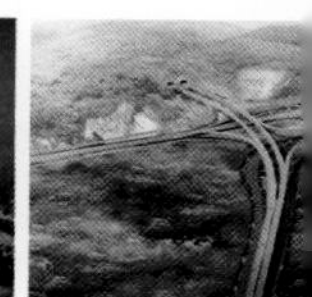

## 中国建设监理协会副会长兼秘书长李明安一行在河南专题调研行业自律工作

2024 年 2 月 27 日，中国建设监理协会副会长兼秘书长李明安率相关部门负责人一行在河南郑州专题调研行业自律工作。河南省建设监理协会会长孙惠民、自律委员会执行主任李振文及地市监理协会、自律工作小组、河南监理企业代表、外省进豫企业代表等参加调研座谈会。会议由孙惠民会长主持。

李明安副会长兼秘书长介绍了行业自律专题调研的背景和目的，全面阐述了中国建设监理协会 2024 年的工作思路、总体安排和工作要点。他指出行业自律工作要做好正面引导与宣传，营造正能量的行业新风，推动行业高质量发展。倡导企业要诚信经营，不断提高履职服务能力。

孙惠民会长对专题调研组的到访表示热烈欢迎，并表示河南协会将坚决支持和配合中国建设监理协会的各项工作，把河南建设监理行业的发展全面融入全国建设监理行业发展的大局中，始终把促进全行业的持续健康发展作为工作的出发点和落脚点。

会上，河南监理协会汇报了行业自律工作的开展情况，参会代表就调研组提出的问题和想了解的情况进行交流探讨，并就中国建设监理协会的工作提出了建议。

## 中国建设监理协会副会长兼秘书长李明安一行赴中国交通建设监理协会座谈交流

2024 年 3 月 8 日下午，中国建设监理协会副会长兼秘书长李明安率相关部门负责人一行赴中国交通建设监理协会进行座谈交流。中国交通建设监理协会副理事长李明华、监事长周元超、秘书长吕翠玲等参加座谈交流。

吕翠玲秘书长介绍了中国交通建设监理协会基本情况和 2024 年的主要工作。双方还就如何开展深度合作进行了探讨交流。李明华副理事长对李明安副会长兼秘书长一行的到来表示热烈欢迎，希望借此机会，加强同中监协的联系和合作，共同提升行业影响力，一起助力监理行业高质量发展。

李明安副会长兼秘书长表示，中监协要进一步加强与中国交通建设监理协会的合作，日常工作多交流，互相学习，共同推动监理行业高质量发展。

交通运输部安全与质量监督管理司综合处原副处长刘巍；中国交通建设监理协会副秘书长张雪峰、桑雪兰，业务部主任曹艳梅；中国公路工程监理咨询有限公司党总支书记、执行董事、总经理李剑；《中国交通建设监理》主编陈克锋；中国建设监理协会行业发展部主任孙璐，监理改革办公室主任宫潇琳、副主任周舒参加会议。

## 中国建设监理协会副会长兼秘书长李明安一行赴浙江省全过程工程咨询与监理管理协会座谈交流

2024 年 3 月 22 日下午，中国建设监理协会副会长兼秘书长李明安、行业发展部主任孙璐赴浙江省全过程工程咨询与监理管理协会座谈交流。浙江省全过程工程咨询与监理管理协会会长周坚、常务副会长兼秘书长吕艳斌等参加座谈。

李明安副会长兼秘书长表示，浙江省全过程工程咨询与监理管理协会一直以来积极参与中监协的各项活动，在课题研究、行业宣传等方面做了很多工作，取得了很好的成绩，希望浙江协会能够继续支持中监协开展的各项工作。

周坚会长对李明安副会长兼秘书长一行的到来表示热烈欢迎，希望借此机会，加强与中监协的联系与合作。吕艳斌常务副会长兼秘书长介绍了浙江省全过程咨询服务的开展情况以及协会参与行业政策制定与出台的一些做法和实践。

双方还围绕当前行业热点问题、痛点问题展开深入讨论，并就全过程咨询服务模式、行业自律与诚信、行业宣传、人才培养、会员互认、培训互认等方面交流了经验与看法。

## 中国建设监理协会会长王早生莅临天津走访调研

2024 年 3 月 13—14 日，中国建设监理协会会长王早生、监理改革办公室副主任蒋里功一行到天津市监理企业实地走访调研，重点了解企业的发展、信息化智慧化建设与应用、全过程工程咨询服务开展等情况。

3 月 13 日下午，王早生会长一行来到天津市建设监理协会副会长单位——天津华北工程管理有限公司调研。中国市政工程华北设计研究总院有限公司党委委员、副总经理汪泳，中国市政工程华北设计研究总院有限公司市场管理部郑立鑫等参与座谈交流。交流会听取了华北管理公司的发展历程、公司概况、取得的成果和未来的发展方向，华北管理公司对全过程工程咨询业务领域发展情况作了重点汇报。

3 月 14 日上午，中国建设监理协会会长王早生、天津市建设监理协会副理事长兼秘书长赵光琪、中国建设监理协会监理改革办公室副主任蒋里功一行来到天津市建设监理协会副会长单位——天津路驰工程咨询有限公司调研。在天津路驰工程咨询有限公司董事长庄洪亮、总经理卢洪宇、副总经理马宝员等陪同下，王会长一行对路驰咨询公司的中心实验室和历年来获奖情况进行了参观并座谈调研。座谈听取了公司的基本情况和发展历程及标准化、信息化管理系统应用情况。

王早生会长对华北院及华北管理公司和路驰咨询公司取得的成绩给予了充分肯定，希望两家公司能提供更高品质的监理服务，为建筑业高质量发展做出贡献。

## 云南省建设监理协会七届四次会员大会在昆明召开

2024年2月28日，云南省建设监理协会七届四次会员大会在昆明怡景园度假酒店召开。云南省住房和城乡建设厅、云南省民政厅相关领导参加了会议。协会会长杨丽、党支部书记兼副会长王锐及副会长张剑、郑煜、陈建新，秘书长姚苏容出席会议，监事会成员列席会议。133家会员单位共142位会员单位代表参加了大会。会议由副会长陈建新主持。

省住房城乡建设厅和省民政厅的领导在会上讲话，他们对协会长期以来的工作给予了肯定，希望协会继续发挥桥梁纽带作用，坚持以服务为宗旨，强化服务功能，提高服务能力，切实以高质量党建引领协会高质量发展，进一步把协会打造成为会员满意、社会认可、政府信任的社会组织。

大会按程序听取了协会党支部书记兼副会长王锐同志所作的题为“踔厉奋发 笃行实干”的党支部年度工作报告。以举手表决的方式审议并通过了七届理事会《2023年工作报告及2024年工作计划》《云南省建设监理协会2023年财务报告及2024年财务预算方案、昆明监协职业技能培训学校有限公司2023年财务报告及2024年财务预算方案》《2023年会员单位入、退会情况》《2023年常务理事、理事调整名单》《2023年监事会工作报告》《云南省建设监理行业从业自律公约》等文件。会员单位在会上签署了《云南省建设监理行业从业自律公约》。

本次大会完成了全部会议内容和议程，达到了预期的目的，在热烈的掌声中圆满结束。

## 广东省建设监理协会协办的“2024内地与香港建筑论坛”分论坛二“内地建筑市场制度与香港业界机遇研讨会”成功举办

2024年3月26—27日，由住房和城乡建设部、广东省人民政府和香港特别行政区政府发展局指导，住房和城乡建设部科技与产业化发展中心、广东省住房和城乡建设厅以及香港工程师学会共同主办，广州市住房和城乡建设局承办，21家内地与香港协（学）会共同协办的“2024内地与香港建筑论坛”在广州举行。

会议下设四个平行分论坛。27日上午，由香港工程师学会与中国国际贸易促进委员会建设行业分会、广东省市政行业协会、广东省建设监理协会共同协办的分论坛二“内地建筑市场制度与香港业界机遇研讨会”举行，住房和城乡建设部计划财务与外事司副司长李喆，广东省住房和城乡建设厅党组成员、副厅长刘耿辉，香港工程师学会会长李志康出席并致辞。会上，由中国国际贸易促进委员会建设行业分会副秘书长采明勇、香港工程师学会土木界别咨询委员会主席刘大卫共同主持，与会嘉宾聚焦“深化内地与香港建筑领域合作，高质量建设粤港澳大湾区”话题，围绕市场展望与合作机遇、专业领域服务与经验等方面进行探讨交流。

住房和城乡建设部计划财务与外事司副司长李喆在致辞中表示，住房城乡建设部与香港特区政府一直保持着密切合作关系，积极推动落实《内地与香港建立更紧密经贸关系安排》（CEPA）中的建设领域开放措施。今年，将已经举办了19届的“内地与香港建筑论坛”调整为由住房城乡建设部和香港特区政府发展局指导，由住建部科技与产业化发展中心、广东省住建厅、香港工程师学会联合主办，有利于发挥各方面的积极性，助力粤港澳大湾区建设。

（广东省建设监理协会　供稿）

## 重庆市建设监理协会第六届第二次理事会暨会员代表大会顺利召开

2024 年 3 月 26 日，重庆市建设监理协会第六届第二次理事会暨会员代表大会在重庆市顺利召开。大会由协会秘书长胡明健主持，出席大会的会员代表 286 人。

会议审议通过了《重庆市建设监理协会 2023 年度工作报告》《重庆市建设监理协会 2024 年度工作计划的报告》《全过程咨询分会工作条例》《个人会员管理办法》和《会费调整议案及说明》《章程（修正案）》等议案，会员单位代表在大会上签署了《重庆市建设工程监理行业自律公约》承诺书。

会议回顾了协会 2023 年的工作成果，安排部署了 2024 年重点工作。协会党支部书记、会长冉鹏结合重庆监理行业的实际，阐述了创新、协调、绿色、开放、共享这一新发展理念对行业创新发展的重大意义，对协会贯彻落实新发展理念提出了要求。胡明健秘书长作总结讲话。

重庆市建设监理协会第六届第二次理事会暨第二次会员代表大会，内容丰富、收获满满、富有成效，必将进一步推动协会和行业工作高质量发展。协会将与会员单位携起手来，齐心协力、团结进取，以实干实绩迎接新中国成立 75 周年！

（重庆市建设监理协会　供稿）

## 山东省建设监理与咨询协会2024年第一次会长（扩大）会议顺利召开

2024 年 3 月 24 日，山东省建设监理与咨询协会 2024 年第一次会长（扩大）会议在济南召开。山东省住房和城乡建设厅建设工程质量安全中心主任王华杰，工程质量安全监管处副处长王晓宏、一级主任科员张伟，省协会名誉会长徐友全应邀出席会议，七届理事会会长陈文、监事会监事长林峰、秘书长曾大林及理事会、监事会领导成员，各市监理协会会长、秘书长和部分常务理事代表共 60 余人参加。会议由陈文主持。

会议落实第一议题制度，深入学习 2024 年政府工作报告中涉及住建领域方面有关高质量发展的总体要求和政策。全国全省住房城乡建设工作会议精神以及中国建设监理协会 2024 年工作要点。会议审议通过了省协会 2024 年工作要点、增补理事及发展新会员、第一届专家委员会工作总结和第二届专家委员会工作计划、成立第二届专家委员会等文件，研究了 2024 年度监理行业从业人员最低工资标准，听取了信息化专题调研情况汇报，并特邀同炎数智科技（重庆）有限公司的总工程师李后荣，作关于数智化全过程工程咨询融合创新的专题分享。

会议为新当选的七届名誉会长、会长、副会长、监事长、副监事长、监事、秘书长、副秘书长及常务理事代表分别授牌颁证。

（山东省建设监理与咨询协会　供稿）

## 河南省建设监理协会孙惠民会长一行莅临甘肃协会考察指导

2024 年 3 月 18 日下午，河南省建设监理协会会长孙惠民、常务副会长兼秘书长耿春等一行莅临甘肃省建设监理协会考察。双方就协会建设、行业发展等热点和共同关心的问题进行了座谈交流。

甘肃省建设监理协会会长魏和中对河南同行莅临甘肃考察和指导表示热烈欢迎。他表示，行业交流活动对于探索监理创新发展途径，推动行业的转型与创新发展，拓宽协会和企业领导人的视角与视野，提高监理咨询服务水平和质量、扩大行业影响力具有重要意义。

协会秘书长袁琳、主任杜炯及相关人员参加座谈。袁琳介绍了甘肃省建设监理协会紧扣服务主题、拓展服务内容、增强服务针对性和有效性助力行业发展的做法和取得的工作成效。甘肃省建设监理协会副会长、甘肃经纬建设监理咨询有限责任公司董事长薛明利，甘肃中建市政工程项目管理咨询有限公司副总经理蒲国斌分享了借助企业专业特长开拓市场、创新技术、培养人才、建设企业文化等方面的做法和经验。

孙惠民、耿春就河南省建设监理协会在维护行业利益、打造行业名片、关心中小企业发展、企业家精神培养、市场化服务、行业标准编制、秘书处建设等方面作了介绍。国机中兴工程咨询有限公司董事长李振文、河南省光大建设管理有限公司总经理方永亮、河南宏业建设管理股份有限公司总经理张飞分别介绍了协会行业自律委员会工作、企业技术创新、数字化建设、二代监理人才培养情况。

双方就如何开展全过程咨询、如何提供有价值服务，强化市场化能力；协会如何定位以及监理取费、行业自律等问题进行了深入交流和探讨。

（甘肃省建设监理协会　供稿）

## 北京市建设监理协会党支部拜访北京市社会事业领域行业协会联合党委

2024 年 3 月 11 日下午，北京市建设监理协会党支部（以下简称“协会党支部”）支部书记杨宗谦、会长张铁明及石晴同志拜访了北京市社会事业领域行业协会联合党委（以下简称“联合党委”）相关领导。联合党委专职副书记赵康、党务工作专员王新伟和魏海桥热情接待并参加座谈。

北京市建设监理协会党支部汇报了全年党建的重点工作。

联合党委赵书记对协会党支部成员的到访表示欢迎，并给协会党支部工作予以了高度认可，对协会党支部的工作和换届程序做出了具体要求，并表示将适时到协会进行调研，共同推动监理行业党建工作再上新台阶。

联合党务工作专员王新伟介绍了《北京支部生活》和《前线》两本读物，鼓励北京建设监理协会积极投稿，通过联合党委平台展示和扩大监理协会的知名度和影响力。

此次座谈会明确协会党支部的上一层党组织领导为北京市社会事业领域行业协会联合党委。

（北京市建设监理协会　供稿）

## 湖南省建设监理协会承办的湖南省首届住建行业（工程监理）职业技能大赛成功举办

为大力弘扬劳模精神、劳动精神、工匠精神，提升监理行业技能水平和综合素质，保障工程质量安全，助力建造高品质建筑产品，推动建筑业高质量发展，2024 年 3 月 28 日，湖南省住建行业（工程监理）职业技能大赛在湖南湘江新区拉开帷幕。

大赛由省住房和城乡建设厅建筑管理处处长张磊主持，省住房和城乡建设厅党组成员、副厅长吴勇出席开幕式并讲话，省人力资源和社会保障厅职业能力建设处二级调研员羊国杰、省总工会技协办主任王佳军等参加。

本次大赛得到了全省监理行业的积极响应，经过前期选拔，全省共有 19 支代表队 57 名选手齐聚长沙，同台竞技。

大赛包括理论知识竞赛和操作技能竞赛两部分，全面检验监理人员的综合理论知识水平、操作技能及解决实际问题的能力。

据了解，本次技能大赛是全省首次开展工程监理职业技能大赛，获得个人决赛总成绩第一名的参赛选手，可参加“湖南省技术能手”“湖南省五一劳动奖章”评选，赛事含金量高。

本次活动由湖南省住房和城乡建设厅、湖南省人力资源和社会保障厅、湖南省总工会主办，湖南省建设监理协会承办。

（湖南省建设监理协会　供稿）

## 天津市建设监理协会第五届二次会员代表大会顺利召开

2024 年 3 月 28 日上午，天津市建设监理协会第五届二次会员代表大会在天津政协俱乐部顺利召开。会长吴树勇、监事长石嵬出席了会议，145 名会员代表参加了会议。大会由协会副会长兼秘书长赵光琪主持。专家委员会成员代表汤海鹏、李和军、李德华、张炳文列席会议。

会议审议通过了《天津市建设监理协会 2023 年度工作报告及 2024 年度工作要点》《天津市建设监理协会监事会 2023 年度工作报告》《天津市建设监理协会 2023 年度财务决算与 2024 年度财务预算报告》《关于修改〈天津市建设监理协会章程〉的议案》《关于卢洪宇同志辞去天津市建设监理协会第五届理事会理事的议案》《关于天津市成套设备工程监理有限公司申请退出天津市建设监理协会第五届理事会理事单位的议案》《关于天津市建设监理协会第五届理事会理事调整的议案》和《关于增补天津市建设监理协会第五届理事会理事的议案》。

庄洪亮副会长宣读了《关于通报表彰全国建设监理协会秘书长工作会议会务服务先进监理企业的决定》。

（天津市建设监理协会　供稿）

## 福建省工程监理与项目管理协会第六届第七次会员代表大会暨理事会在福州顺利召开

2024 年 3 月 29 日，福建省工程监理与项目管理协会第六届第七次会员代表大会暨理事会在福州顺利召开。协会会长林俊敏，党支部书记、名誉会长张际寿，监事长刘立，常务副会长饶舜、缪存旭，副会长兼秘书长江如树，副会长兼自律委员会主任郑奋及副会长、副秘书长等出席了会议。各设区市监理行业协会（专业委员会）负责人、会员代表等 400 余人参加了会议。会议由常务副会长饶舜主持。

会议审议通过了《福建省工程监理与项目管理协会 2023 年度工作报告》《福建省工程监理与项目管理协会 2023 年度财务报告》《福建省工程监理与项目管理协会 2023 年度监事会报告》《福建省工程监理与项目管理协会章程（修正草案）》《福建众悦泰建设工程有限公司等监理企业申请加入协会单位会员的报告》《关于福建省工程监理与项目管理协会增补、变更部分理事的报告》《关于福建省工程监理与项目管理协会常务理事代表变更的报告》等议案。

（福建省工程监理与项目管理协会　供稿）

## 河北省建筑市场发展研究会第四届四次理事会暨四届二次常务理事会在石家庄成功召开

2024 年 3 月 28 日上午，河北省建筑市场发展研究会第四届四次理事会暨四届二次常务理事会在石家庄成功召开。第四届理事会会长倪文国、副会长王英、秘书长穆彩霞等出席会议，监事石琼列席会议。233 名理事、92 名常务理事以及河北省工程监理、工程造价咨询行业品牌企业和突出贡献个人代表共 260 余人参加会议。会议由秘书长穆彩霞主持。

中国建设监理协会王早生会长莅临会议并发表讲话。会议表决通过了《河北省建筑市场发展研究会 2023 年工作报告》《2024 年工作计划》。马益福同志当选为第四届理事会理事、常务理事、副会长。

会议为荣获“2023 年度河北省工程监理行业品牌企业”和突出贡献个人代表，荣获“2022—2023 年度河北省工程造价咨询企业”和突出贡献个人代表颁发奖牌、奖杯和证书。

（河北省建筑市场发展研究会　供稿）

# 2023 年 9 月 25 日—12 月 26 日公布的工程建设标准

| 序号 | 标准编号 | 标准名称 | 发布日期 | 实施日期 |
|---|---|---|---|---|
| 国标 | | | | |
| 1 | GB/T 50625—2023 | 《机井工程技术标准》 | 2023/9/25 | 2024/5/1 |
| 2 | GB/T 51454—2023 | 《医院建筑运行维护技术标准》 | 2023/9/25 | 2024/5/1 |
| 3 | GB/T 50640—2023 | 《建筑与市政工程绿色施工评价标准》 | 2023/9/25 | 2024/5/1 |
| 4 | GB/T 51040—2023 | 《地下水监测工程技术标准》 | 2023/9/25 | 2024/5/1 |
| 5 | GB/T 50633—2023 | 《核电厂工程测量标准》 | 2023/9/25 | 2024/5/1 |
| 6 | GB 50521—2023 | 《核工业铀矿冶工程技术标准》 | 2023/11/9 | 2024/5/1 |
| 7 | GB/T 50649—2011 | 《水利水电工程节能设计规范》 | 2023/12/26 | 2024/5/1 |
| 行标 | | | | |
| 1 | CJ/T 221—2023 | 《城镇污泥标准检验方法》 | 2023/12/26 | 2024/5/1 |

# 住房城乡建设部办公厅　市场监管总局办公厅关于印发《房屋建筑和市政基础设施项目工程建设全过程咨询服务合同（示范文本）》的通知

建办市〔2024〕8 号

各省、自治区住房城乡建设厅、市场监管局（厅、委），直辖市住房城乡建设（管）委、市场监管局（委），新疆生产建设兵团住房城乡建设局、市场监管局：

为促进工程建设全过程咨询服务发展，维护工程建设全过程咨询服务合同当事人的合法权益，住房城乡建设部、市场监管总局制定了《房屋建筑和市政基础设施项目工程建设全过程咨询服务合同（示范文本）》，现印发给你们，供参考使用。使用过程中如有问题，请及时与住房城乡建设部建筑市场监管司、市场监管总局网络交易监督管理司联系。

附件：房屋建筑和市政基础设施项目工程建设全过程咨询服务合同（示范文本）（略）

住房城乡建设部办公厅

市场监管总局办公厅

2024 年 2 月 4 日

（此件主动公开）

来源：住房城乡建设部网站

# 全国建设监理协会秘书长工作会议在天津顺利召开

2024 年 3 月 13 日，全国建设监理协会秘书长工作会议在天津顺利召开。天津市住房和城乡建设委员会副主任王晨、建筑市场管理处处长华晓雷，中国建设监理协会会长王早生、副会长兼秘书长李明安、副会长吴树勇、副秘书长王月等领导出席了会议。来自全国各省、自治区、直辖市建设监理协会，行业建设监理专委会，各分会，副省级城市建设监理协会的会长、秘书长和新闻宣传员等 130 余人参加了会议。会议由副秘书长王月主持。

副会长兼秘书长李明安详细解读了协会 2024 年工作要点。从 13 个方面 33 个要点通报了秘书处 2024 年具体工作安排。

天津市建设监理协会、甘肃省建设监理协会、河南省建设监理协会分别介绍了他们在强化协会党建工作，提升会员服务质量，推进行业诚信自律建设，发挥桥梁和纽带作用，促进行业高质量发展等方面的做法和经验。

会长王早生作会议讲话。他强调，协会要积极发展会员，扩大社会影响；要重视宣传工作，创新宣传理念；要构建良好学习氛围，加强培训工作；要积极举办多种形式的行业交流活动，扩大行业影响力；要充分发挥大企业和高素质人才的领头作用，凝心聚力、携手并进，共同为监理行业的发展做好自己的工作，营造监理行业新风气！

下午，同期召开监理行业宣传工作会议，共同探讨加强监理行业的宣传和推广，以提升监理行业的社会认知度和影响力，为行业健康发展营造良好的舆论氛围。

副会长兼秘书长李明安强调了宣传工作在推动监理行业发展中的重要作用。并表示 2024 年，协会将继续加大宣传力度，总结成绩，宣传成果，提高宣传人员水平，使宣传工作更好地服务于监理改革发展。

协会信息部就《中国建设监理协会官网、微信公众号宣传报道管理办法》作了说明。

上海市建设工程咨询行业协会、浙江省全过程工程咨询与监理管理协会分别以《抓亮点、聚合力、构和谐、促发展》《一张网络、三大阵地、系列活动》为题分享了各自成功的宣传经验，为与会人员提供了宝贵的启示和借鉴。

与会人员围绕如何更好地发挥宣传作用、提升监理行业影响力等议题展开了热烈的讨论。大家纷纷表示，要通过创新宣传手段、丰富宣传内容、拓展宣传渠道等方式，推动监理行业宣传工作取得新突破。

副会长兼秘书长李明安对此次会议进行了总结。他对与会人员的积极参与表示感谢，鼓励大家结合工作实际将会议精神尽快落到实处，齐心协力、稳步推进各项工作。

# 浅谈监理企业数智化自主研发的路径及应用优势

曹淑萍　杨明亮　赵育华

西安普迈项目管理有限公司

**摘　要：**监理企业数智化系统是指监理企业运用信息化、智能化技术手段，辅助监理管理、监理服务、监理决策等的“管理在线”“业务在线”“数据在线”的应用管理系统，是监理企业转型升级、提升业务能力和创新发展的必备条件。本文通过对监理企业数智化发展的现状分析，结合普迈公司数智化系统研发、定制、升级、应用等实例，对数智化系统自主研发的实施思路、研发路径等进行了深入论证，明确了监理企业数智化发展的方向。

**关键词：**信息化；数智化；监理服务；作业模块

## 引言

随着信息化、大数据时代的到来，信息技术的发展引发了社会各领域的系统性变革，数智化建设逐渐成为社会治理和技术赋能的重要内容和载体。2017年，住房和城乡建设部对工程监理行业转型升级创新发展提出重要意见，引导监理企业加大科技投入，采用先进检测工具和信息化手段，创新工程监理技术、管理、组织和流程，提升工程监理服务能力和水平。工程监理行业应该紧跟新时代信息化技术的发展方向，全面推进由传统模式向数智化模式的转型，从而不断提高自身的管理能力与效率。数智化监理是指监理机构运用信息化、智能化信息技术手段辅助监理工作开展的新模式。

若将监理企业的信息化划分为以下三个阶段，现阶段国内监理企业数智化进程则普遍处于第二阶段。第一阶段是无纸化办公阶段，其特征是部分业务模块如企业办公自动化（OA）模块或企业管理子系统得到较为全面的应用，基本实现网上办公。第二阶段是信息化建设阶段，以企业管理模块及监理项目模块运转为特征，基本实现线下采集、数据交互、数据统计。第三阶段是智能数据阶段，实现自动采集、数据交互、基于角色的智能化看板、统计报表智能分析以及智能化的大屏或多终端显示等，可基于信息系统为经营管理、过程监督控制提供决策依据、监督检查安排、成本核算、利润分析、绩效考核、过程辅导、技术咨询等多个层面的数据智能供应。

从某种意义上来说，监理企业的数智化转型即为信息化转型。如果监理企业没有开展初级的信息化建设，或者信息化程度不高，就会失去数智化转型的必要基础。换句话说，监理企业的生产、经营、财务、人力等管理是否在线运行，是解决数据管理平台有没有数据的先决性条件，是影响数智化转型的关键。参考其他行业及企业的发展经验，实现数智化转型升级的路径是：先在线数据应用，再在线数据管理。重点在于“在线”：管理在线、业务在线、数据在线。

应用云平台搭建灵活、多变、轻

巧、适合场景多变的现代监理作业模式，建设契合企业管理、业务、数据应用的数智化系统，是现代监理企业创新发展的必备条件。

## 一、监理企业数智化建设的实现路径

（一）创建监理企业数智化建设的实施思路

1. 以战略重构为引领。企业运营的终极目标是实现其发展战略，企业的业务转型与管理变革均须依据并服务于企业的发展战略。数智化转型作为企业运营管理机制的变革，在服务于企业更好地实现其发展战略的同时，也反作用于企业的发展。为避免企业数智化转型与企业战略设计错位，数智化转型需要重审企业发展战略。依据数智化技术运用对企业现有资源配置模式、企业核心竞争力的影响，重新构建企业的业务布局、管理协同、资源配置等战略要素。

2. 以过程、管理为依据。监理服务过程的实现是企业发展战略实现的基础，是企业业务所包含的各个子过程，分解子过程规范实现的集成。监理服务过程的配置和企业管理要素的设置是企业数智化建立的基本依据。因而，以现代信息技术应用带来的过程及其管理的重塑应是企业数智化转型的蓝本。监理企业数智化转型规划、系统功能架构、数智化产品设计均应以监理企业过程配置及管理要素为依据。

3. 以组织优化为基础。组织架构是支撑企业发展战略与监理企业服务运行的内部“生产关系”，其实质是企业的运营机制。企业数智化转型须建立在企业运营机制转型的基础之上，从而使得组织的作用、价值与数智化建设相匹配，以先进的“生产关系”驱动数智化技术应用带来的新型“生产力”的释放。

4. 以流程再造为手段。数智化转型是利用数智化技术重塑监理企业管理模式，以提升企业管理效率。其实现形式是以数智化技术改造企业管理流程，将数智化技术融入企业管理过程，从而实现企业运营机制的转变与资源配置效率的提升。因而，企业数智化转型须以流程重构为手段，构建企业数智化信息系统。

5. 以数智化技术为载体。随着5G技术的普及、大数据设施的进一步完善、AI技术的进一步应用，现代信息技术全面进入数智化时代。数智化作为融合了AI、云计算、大数据的“智联”技术，已成为支撑企业数智化转型的技术载体。通过战略确定目标，通过目标规划组织，通过组织分解过程，通过过程采集数据，通过数据分析过程，通过分析优化管理，改进、监督、指导、纠正过程，最终以数智化为载体实现目标。

6. 以企业自身需求为基点。监理企业按照目标、业务过程、组织架构、流程设置及管理需求，确定数智化研发思路及内容后，结合企业自身需求及企业现状，确定是组织软件开发人员自行开发还是委托第三方软件公司定制实现。

（二）搭建监理企业数智化实施架构

企业数智化转型是企业运行体系的系统性变革，首先需要具体设计企业数智化的总体实施系统，即实施架构。根据企业数智化转型的目标，企业数智化转型的实施架构应由战略、业务、组织、流程、管理、数据、算法七要素构成。其中战略、业务、组织、流程构成了企业数智化的信息层，是数智化的内涵层；管理、数据、算法构成了企业数智化的技术层，是企业数智化转型的工具、载体与实现形式。

## 二、监理企业数智化建设研发示例

现以西安普迈项目管理有限公司监理数智化建设过程及应用情况为例，介绍监理企业数智化自主研发路径及应用优势。

（一）确定数智化系统研发目标

在数智化系统建设初期，公司组织了调研。结合市场上各信息化系统的优点，经过充分讨论，确定了公司研发目标。

公司级应实现：数据自动采集、分析、预警；远程指导，监督项目“三控、两管、一协调、一履职”行为；检查项目服务规范性；线上研讨、解答现场人员的疑难问题；实现法规标准共享等服务支持；全业务线上培训等。

项目级应实现：标准化服务指导；监理履职过程记录线上进行，记录及表单等一次性输入多处关联生成；竣工资料一键归档；既能实现对项目人员各服务过程的指导，尽可能减少项目人员重复操作，又能全面了解员工在现场的履职行为。同时，通过对人员在线操作的考核、排序，激励全员上线、全面履职。

各职能部门对项目的管理按职责设定权限、流程等。

（二）设置数智化系统功能作业模块

普迈公司信息化系统目标设定后，从管理需求、规范要求、风险管理等方面全面考虑系统各功能模块设置。

设立人事、行政、经营、财务管理共155个模块316个流程，实现数据共享、流程审阅、信息沟通、业务办理、在线培训。

设立工程指挥中心共6个模块13个流程，实现远程视频检查、指导、沟通，可提取并分析服务管理及实施相关数据，提供风险预警。

设立工程管理中心共38个模块65个流程，实现标准化管理指导及项目检查要素设置、项目监督检查、项目考核、标准规范库、仪器设备管理、竣工资料线上归档等。

设立监理项目服务运行共49个模块53个流程，实现项目“三控、两管、一协调、一履职”过程模块，形成有检查、有验收、有巡视、有旁站、有审核、有协调监督等的监理服务全过程线上运行记录，真实反映监理人员每天的工作情况。记录数据根据管理需求形成台账或统计分析表，可查看可审阅，为公司管理提供项目真实服务数据，以便进一步管理决策，详见图1。

（三）委托第三方软件公司定制

考虑到公司场所、人员配置等实际情况，公司选择了委托第三方软件公司广州世纪信通进行定制。规避了人员投资、机房及设备配置、专用安全环境等的管理风险及投资。

第三方软件公司按照公司提供的建设需求，历时三个多月完成定制，经过试运行期间不断的完善和补充，最终顺利通过验收。公司数智化系统于2018年8月全面上线。此后，公司每年组织各职能部门及项目代表进行系统运行梳理，寻找系统改进机会，不断改进和打通公司各业务板块，使公司数智化系统真正成为高效工作的工具。

（四）监理数智化系统应用示例

现以普迈公司空港新城T5站前市政基础设施监理服务项目数智化系统运行为例。

该项目是咸阳国际机场T5航站楼的重要配套工程，含地下环遂和2条地面道路工程，其中环遂全长约2.1km，设8条匝道。环遂工程上部是桥面道路施工，项目施工范围内高、低压线路多处迁改，并涉及机场光缆。多处交叉施工，施工组织复杂。该项目监理服务全过程、全员参与数智化系统运行，做到了“管理在线”“数据在线”“业务在线”。

1. 项目监理服务过程管理

项目监理人员按职责分配，依据每日实际工作发生情况，通过手机或PC端真实记录项目施工人员、机械作业内容、质量巡查及验收、安全巡查、旁站记录、见证取样送检、材料进场验收、进度控制、造价管理、危大工程管理、

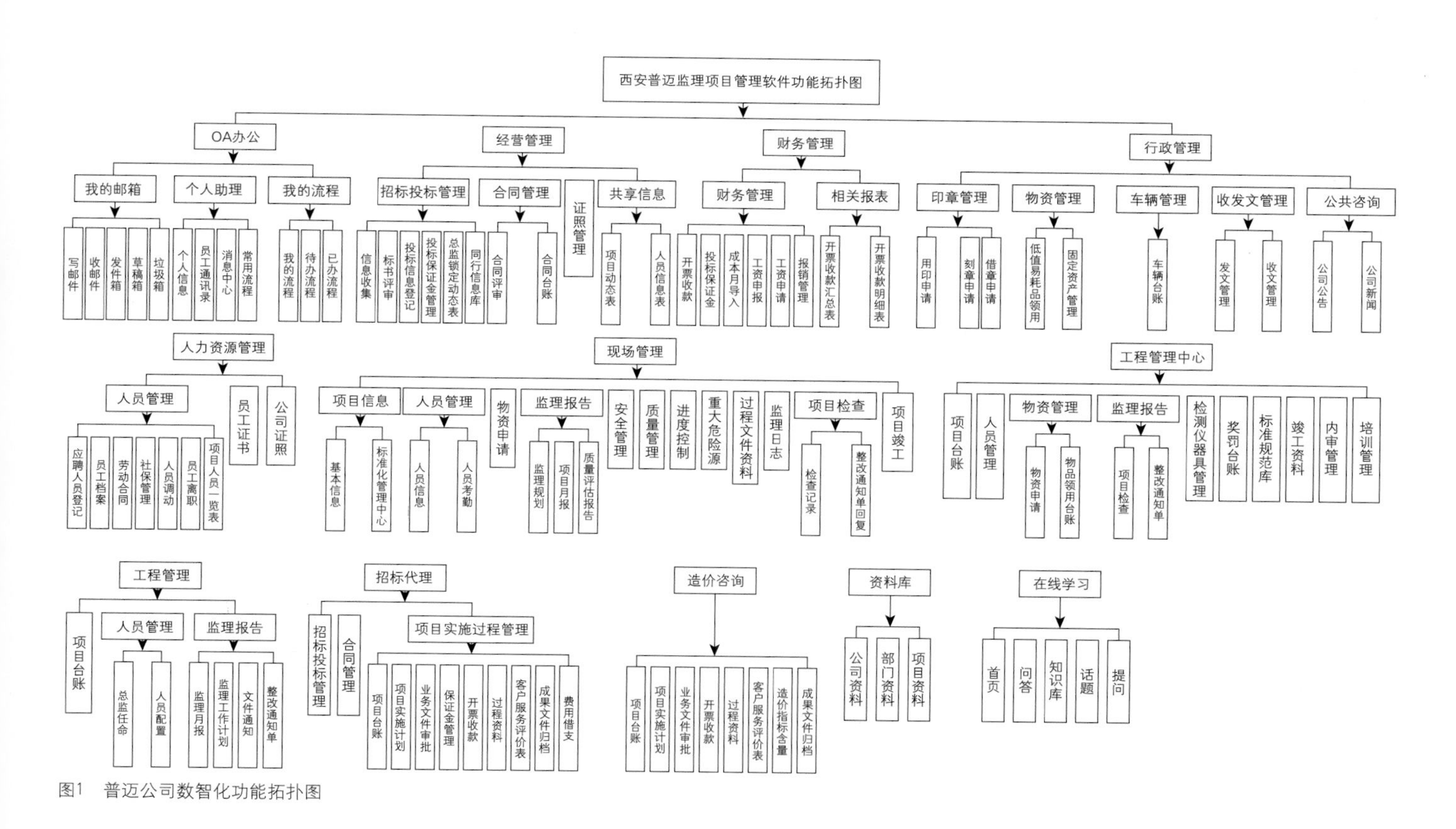


图1　普迈公司数智化功能拓扑图

设计变更、工程签证、监理通知单、监理工作联系单、专项验收等现场监理服务信息。

项目运行记录信息全程在线，通过移动单兵或无人机，同项目指挥大屏或公司指挥大屏连线，可直接对话沟通处理项目疑难问题。

可直接采用公司系统设置的质量、安全、危大工程、材料等要素检查表，规范验收及巡视检查服务行为。质量、安全巡视检查隐患可通过系统预警提醒整改或交由他人跟踪整改。

项目“三控、两管、一协调、一履职”监理服务数据，可按照设置自动归类到监理日志及质量控制、安全控制、材料验收、见证取样复试等台账，真正实现了数据一次录入、多次采集、简化监理服务的线下繁杂内业记录，提供风险分析基础资料，也实现了监理资料电子化一键归档。项目门户统计各监理人员每日工作记录，按设置规则进行积分排名，激励项目人积极参与线上运行。

2. 工程指挥中心

T5 项目前期策划阶段，公司工程管理中心及公司专家组，通过工程指挥中心大屏与现场无人机、移动单兵远程连接，充分了解项目现状，指导编制监理规划、审查施工组织设计，充分论证项目施工总平面布置、施工总进度计划，做到事前预防。工程管理中心不定期通过远程视频，监督、指导项目规范服务。

3. 工程管理中心

工程管理中心全程监控、检查项目“三控、两管、一协调、一履职”行为及危大工程管理情况，督促提醒、指导项目人员规范服务。通过项目质量控制及安全控制台账、积分排榜数据及管理统计数据，分析项目存在的风险，指导项目提前预防，主动控制。动态完善系统标准化管理、要素检查表、规范标准库等，为项目提供资源支持。在线连接公司专家组，及时解答项目疑难问题。

4. T5 项目数智化系统应用成效

T5 站前市政基础设施项目监理服务全过程应用数智化服务系统，取得了很大的成效。项目前期的远程审核指导，为项目提出平面布置及施工总进度计划的优化建议，得到了建设单位、施工单位的认可，使项目后续工作开展有了良好的开端。实施过程中，通过工程管理中心远程监督、检查、指导及项目数据分析，及时分析并纠正项目存在的风险，做到事前预防、主动控制。目前，该项目在复杂的施工环境下，工期整体提前，并获评省级文明工地、观摩工地等多项荣誉。粗略统计，该项目应用数据化系统后，同以前常规项目服务对比，人力成本节约近 20%，风险规避节约成本约 40%，进度控制节约成本约 20%，质量控制节约成本约 10%，为项目及公司节约了可观的成本，也为公司赢得了更好的市场声誉。

## 结语

经过近 5 年的应用及不断的改进和升级数智化系统，公司深切地感受到自主研发及定制、运行系统是一条正确的路径。公司用最经济的投入，建设了契合企业管理的数智化系统，并能够顺应行业发展的要求，不断升级，做到数据互联、数据共享，为公司提供了有力的管理、数据、资源支持，持续深入地走监理企业数智化转型的道路。

# 鱼腹式现浇箱梁变截面线型控制技术

刘 李[1] 彭 康[2] 李 锋[1]
1. 湖南长顺项目管理有限公司 2. 湖南省机场管理集团有限公司

**摘 要：**鱼腹式现浇箱梁梁体结构线型流畅、造型优美，但其线型打造是一大施工难点。同时，梁体外立面的观感质量直接影响到整体结构美观，其外立面观感控制是另一大施工难点。本文以长沙机场改扩建工程高架桥项目为例，通过从梁体弧形结构及外立面观感两方面进行控制，有效解决弧形施工及观感问题，在项目实践中取得了良好的效果。

**关键词：**鱼腹式箱梁；变截面；弧形结构；外立面观感

## 引言

近年来，我国经济快速发展，城市人口急剧增加，城市车辆日益增多，平面交叉的道口易造成车辆堵塞和拥挤[1]。为方便人们出行，交通要塞往往需要通过修建高架桥与城市交通道路形成多层立体的布局，以提高车辆承载数量和保证车辆快速通过[2]。城市高架桥的修建已成为现代化城市的重要标志之一。

与此同时，人们对城市高架桥的经济、美观、适用性也有了更高的需求。在考虑高架桥结构自身构造要求及强度等要求的同时，桥梁的艺术造型也是不可或缺的一部分，把对结构的美化设计放在突出的位置，将整体桥梁与周边环境统一协调。优秀的外立面造型，优美的线型设计，流畅美观的梁体结构，使得城市高架桥成为城市的一道亮丽风景线。

为建设经济、美观的城市高架桥，并成功展示设计成果，本文主要结合长沙机场改扩建项目高架桥工程，研究鱼腹式现浇箱梁变截面线型控制技术，从梁体弧形结构及外立面观感两个方面进行控制，打造出变截面箱梁流畅美观的梁体结构，以期为同类鱼腹式箱梁工程施工控制提供技术及经验参考。

## 一、工程概况

长沙机场改扩建（T3 航站楼、GTC、楼前高架部分）高架桥工程进场道路由南向北前进，下穿滑行道以后向上爬坡至地面层，然后再次爬坡前往高架桥到达航站楼出发层车道边，整个高架桥系统逆时针绕行一圈后落地，在靠近下引桥侧分出 A 匝道 2 条车道前往蓄车场方向，其中主线及 A 匝道桥梁总长 1210.58m。

高架桥上部结构采用鱼腹式变截面现浇箱梁，采用 C50 混凝土，桥面宽度从 12.5m 逐渐加宽至 52.5m，为了美观外部轮廓，箱梁高度为 2.1m 与航站楼前高架桥一致；箱梁两侧边箱室宽 3.8m，采用调整中箱室宽度及个数来调整桥面宽度。

## 二、关键技术点分析

鱼腹式现浇箱梁变截面线型控制技术可分为弧形结构控制与外立面观感控制，在弧形结构控制中，通过对高架桥中涉及弧形结构的部分作分析，深化剖析设计图纸，提前计算相关参数，指导弧形结构的施工，最终保证整体弧形结构流畅、优美。在外立面观感控制中，主要通过对混凝土色差、模板拼缝、钢筋漏筋等影响外立面观感的缺陷进行提前把控，保证外立面观感效果优良、美观。结合长沙机场改扩建高架桥工程，作出如下分析：

在弧形结构控制中，通过对高架桥设计图纸深度剖析，施工过程中主要控制的弧形位置如下：

（1）整体高架桥行进路线，纵断面竖曲线坡率变化产生弧形。

（2）整体高架桥行进路线，平面内弯曲U形设计产生弧形。

（3）箱梁横断面两侧翼缘板弧形。

（4）箱梁纵断面墩柱处局部加高产生弧形。

在外立面观感控制中，通过对施工条件以及施工工艺分析，主要影响外立面观感质量的因素如下：

（1）模板拼缝数量过多且杂乱，影响观感。

（2）结构局部高低差、凹凸不平影响观感。

（3）钢筋漏筋缺陷影响观感。

（4）混凝土色差过大或混凝土产生裂纹影响观感。

## 三、弧形结构控制

（一）高架桥纵断面竖曲线弧形控制

在高架桥行进路线中，纵断面竖曲线共有四次弧形变化处，以其中弧度变化最大的变坡点SJD2（AK0+214.982）为例：SJD2左侧坡率为–0.9%，右侧坡率为–4.9%（“负号”表示下坡），坡率变化为4%。设计图中采用一段半径$R$=1500m的圆弧进行过渡，竖曲线切线长度$T$=30m，竖曲线外距$E$=0.3m。

为保证此区域段弧形效果，通过设计图中给出的变坡起点（AK0+184.982）、变坡终点（AK0+244.982）的高程数据，将圆弧段内的高程数据按照支模架纵向间距分段计算，得出圆弧段内纵向各支模架高程控制值，通过对支架顶点高程数据的控制，将对一整段圆弧的控制分成多段小圆弧的控制，最终保证整体圆弧结构线型流畅、美观。

（二）高架桥平面U形弯曲弧形控制

高架桥桥宽为渐变加宽12.5~52.5m，两侧引桥段最小宽度为12.5m，中间航站楼前区域高架桥宽度为设计最大宽度52.5m。以调整中箱室宽度及个数来调整桥面宽度，例如，第一联采用4个箱室，中箱室3.594~4.2m；第二联采用4个箱室，中箱室4.2m。

高架桥整体行进路线在平面内的弯曲，以及渐变加宽的桥梁宽度，对控制整体弧形结构线型流畅带来了巨大的挑战。通过对设计图纸进行分析，高架桥行进路线中平面内共有9处弯折，设计采用圆弧段加缓和曲线段的方式，对这9处弯折进行过渡。

以其中弯折角度最大的JD3（K0+524.25）为例：圆弧段半径$R$=70m，路线转角值为左转63°32′01″，两侧缓和曲线段长度为35m，曲线段长度为109.068m。

为控制平面圆弧效果，在平面弯曲以及箱梁逐渐变宽的情况下，首先需要确定的就是箱梁两侧边界线，通过计算两侧边界线的平面位置，保证两侧边界线平面定位准确、路线法线方向截面尺寸符合箱梁渐变宽度尺寸、弧形角度符合路线弯折角度，从而进行整体弧度的控制。在JD3中，路线行进方向以及弯折角度已经确定，对路线行进方向中一个点做法线，将该点位置的箱梁宽度的尺寸对入，即可得出在该处切点位置的边界点平面位置。采用微积分的思维，通过对路线行进方向中多个点做法线，分别将点位处的箱梁宽度尺寸对入，即可得出多点位置的边界点平面位置，最后当点位足够多，即可得到两侧边界线平面位置。

得出边界线平面位置数据后，根据边界线位置画出支模架平面布置图，通过控制支模架上模板的边界线平面定位，保证模板边界线与得出的边界线平面位置一致，最终控制整体平面圆弧以及箱梁渐变加宽弧形效果。

（三）箱梁翼缘板弧形施工优化

鱼腹式箱梁根据横断面图从左至右可划分为左侧翼缘板段、中间箱梁腹板段、右侧翼缘板段，如图1所示。

因箱梁两侧设计为鱼腹形翼缘板，采用寻常支模架顶托加主次龙骨的方式难以控制圆弧段平面及标高位置，不能保证成弧效果。通过设计制作半径$R$=666.1cm的圆弧三脚架，如图2所示，架设在支模架顶托及工字钢上，依据圆弧三脚架上端圆弧段，方便对照鱼腹式箱梁翼缘板圆弧进行模板调整，最终控制模板完成面弧形位置以及高程位置，保证混凝土浇筑成型质量。

（四）箱梁加高段弧形施工优化

在桥墩处，端横梁高度为2.7m，两侧箱体高度为2.1m，因高架桥端横梁与箱体腹板之间存在底部标高变化，端横梁底部标高相比箱体腹板底部标高更低，两者之间采用一段弧形进行连接过渡。在调整此段弧形区域支模架高度时，支模架主龙骨工字钢无法纵向连续放置，通过采取弧形钢梁的设计，设计制作一段弧形钢梁作为主龙骨，定型化弧形有效控制平面及标高位置，保证成弧效果。

钢梁主龙骨为弧形，木方次龙骨为10cm×10cm的矩形，木方放置于弧形钢梁上时，相当于直线与弧形相切，存在部分三角形空隙。为稳固木方的放置，

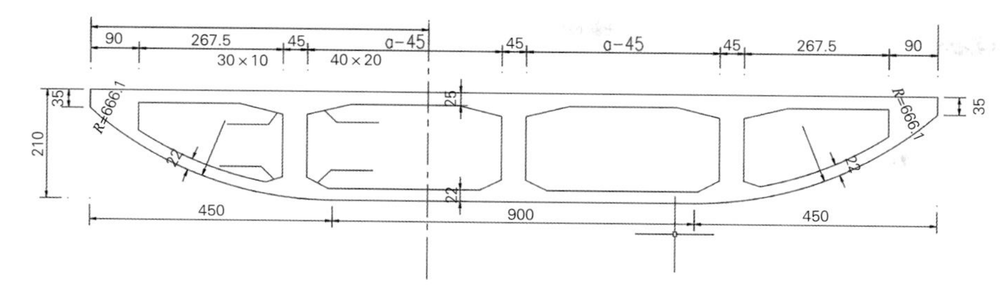


图1　鱼腹式箱梁横断面图

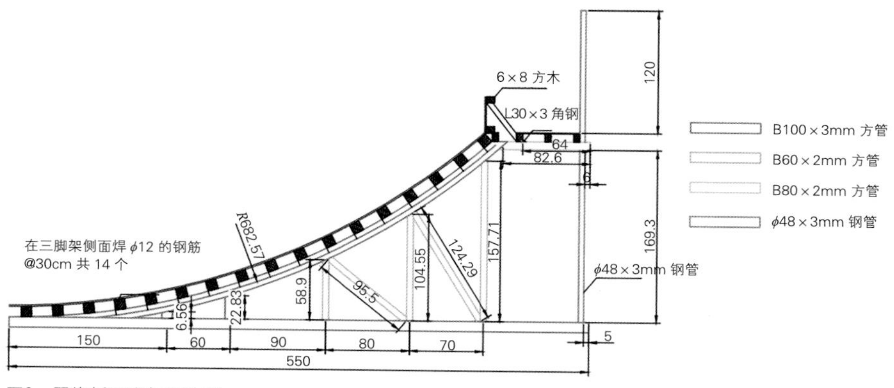


图2　翼缘板三脚架设计图

方便固定木方以及后续模板的位置，设计三角楔形块对空隙处进行填缝处理，有效固定木方位置保证后续模板的成弧效果。

## 四、外立面观感控制

（一）箱梁底模模板分块预铺，减少模板拼缝

由于鱼腹式箱梁梁体宽度在逐渐变化，为使模板拼缝整齐、美观，需要对模板尺寸及布置位置进行控制，避免裁剪出三角形、梯形等不规则图形尺寸的模板，导致模板间拼缝不齐，影响后续观感。在设计工作开始前，需要计算箱梁底模面积，箱梁整体底模面积可分为左侧翼缘板圆弧段面积、中间平直段面积、右侧翼缘板圆弧段面积。在箱梁设计图中，设计的翼缘底板圆弧半径是在箱梁横向处于水平放置状态，如图3所示。

圆弧半径 $R$ 可根据直角三角形勾股定律进行计算：

$4.5^2+(R-1.75)^2=R^2$，可求得 $R=6.6607$m。

采用CAD圆弧工具，可直接求出该段圆弧长度。然而，在实际施工过程中，箱梁并非处于水平放置状态，箱梁顶面、底板均设置有单向横坡（坡率2%、1.5%等），此时箱梁两端的翼缘圆弧半径 $R$ 值发生了变化且左右两侧翼缘圆弧段不相等。以箱梁横坡坡度为2%时为例，如图4所示。

左侧低端的翼缘圆弧半径 $R$ 有如下公式：

$2\%=\tan 1.14576°$

$(4.5/\cos 1.14576°-1.75\times\sin 1.14576°)^2+(R-1.75\times\cos 1.14576°)^2=R^2$

可求得，左侧圆弧半径 $R=6.5743$m，圆弧长度 $L=4.9097$m。

右侧高端的翼缘圆弧半径 $R$ 有如下公式：

$(4.5/\cos 1.14576°+1.75\times\sin 1.14576°)^2+(R-1.75\times\cos 1.14576°)^2=R^2$

可求得，右侧圆弧半径 $R=6.7544$m，圆弧长度 $L=4.9732$m。

经对比可发现，两侧圆弧段长度不等，存在长短差异，即左侧翼缘板圆弧段面积与右侧翼缘板圆弧段面积不相等。计算箱梁整体底模面积时，需分开考虑两侧翼缘板面积。为获得整体箱梁底板平面面积数据，将两侧翼缘板圆弧段进行平面展开，根据上述圆弧计算方法，求得两侧翼缘板圆弧段平面展开面积，最终算出整体箱梁底板平面面积数据。

根据求得的箱梁底板平面数据，进行模板排布设计，箱梁模板整体铺装方向按跨进行调整，方向转变选择设置在箱梁墩柱处。模板采用1.22m×2.44m桥梁专用木模，考虑到箱梁内外侧边线及墩柱处模板易形成三角形、梯形等形状，通过设计插入1.22m×1.22m的模板进行调节，使内外侧边线处及墩柱处模板尺寸短边不小于0.5m。

（二）支模架堆载预压及观测

为消除支模架架体结构非弹性压缩、地基基础非弹性沉降等影响，采取对支模架预压的方法，可有效解决支模架局部沉降量不一致的隐患。同时，通过预压的方法保证施工质量与安全，提前消除支模架在堆载过程中的相关隐患，有效提升桥面线型控制的精准度。

支架预压时，根据高架桥的实际荷载分布情况，适当调整混凝土块的摆放位置，即桥墩位置应有更大的荷载密度，而桥梁跨中位置的荷载密度相对小一些，

以切合实际现场施工荷载情况。

支模架预压前，应根据《钢管满堂支架预压技术规程》JGJ/T 194—2009对支架变形观测点进行相关布置，当结构跨径不超过40m时，沿结构的纵向每隔1/4跨径应布置一个观测断面，当结构跨径大于40m时，纵向相邻观测断面之间距离不得大于10m。每个观测断面上的观测点布置5个，且应对称布置。

观测点在预压前、预压时、预压后、卸载后进行观测并记录结果。为减小人为观测误差，应定人、定仪器观测。沉降观测过程中，每一次观测均经自检、交检、专检，保证观测结果准确符合要求。

（三）箱梁预拱度设置

通过对支架预压得出的沉降观测记录进行数据分析，对支架的弹性变形量和非弹性变形量数据进行分析整理，得出支架实际挠度变形值。对因堆载产生局部变形的模板进行加强和更换。结合现浇箱梁设计理论挠度，预测箱梁的线型控制效果，参照表1调整支架的预拱度值，保证箱梁成型后标高位置达到设计要求。

（四）钢筋工程控制

鱼腹式箱梁钢筋工程的施工将直接影响到箱梁整体结构的安全与使用，同时漏筋等缺陷也会对箱梁整体质量观感造成影响。在箱梁底板纵向主筋中，因箱梁横向宽度逐渐加宽，一联箱梁最窄处与最宽处相差较大（相差几米至十几米），如按照最窄处钢筋间距进行排布，延伸至最宽处时，钢筋间距将超出设计间距要求，所以底板钢筋之间随着箱梁宽度的增大需要增加纵向主筋，增加的主筋与纵向通长主筋采用焊接的形式连接，单面焊长度10$d$或者双面焊接5$d$（$d$为主筋直径）。

在箱梁端横梁箍筋施工过程中，端横梁既受横断面单向横坡坡度（坡率2%等）影响，又受纵断面纵坡坡度（坡率4.9%等）影响，导致端横梁截面由原来的矩形截面变成带有坡率的平行四边形截面；同样，端横梁箍筋由原来的矩形截面变成平行四边形截面，如图5所示。

在箍筋下料过程中，需考虑坡率的影响，改变箍筋截面形式，避免矩形箍筋下料导致局部箍筋边角保护层厚度达不到设计要求或者产生漏筋现象。

（五）混凝土原材料控制

针对现浇箱梁整体施工成型质量效果，对混凝土原材料的控制决定着施工成型质量。因现浇箱梁混凝土外观不做任何装饰，为保证箱梁混凝土表面颜色均匀、光滑、平整，线条顺直、棱角分明，使用的水泥颜色应一致，应选用同一家生产的同一种水泥，采用同一批结构物，使用同一批水泥。

外加剂和粉煤灰、磨细矿渣粉等应使用同一厂家、品牌和批次的产品，并保证连续供应。水泥应选用色泽发亮、灰黑的产品，不得采用立窑生产的水泥；水泥温度宜低于50℃。

砂石尽量采用同一货源，并严格控制含泥量等指标，细集料选用天然河砂。细集料的表观密度大于2700kg/m$^3$，松散堆积密度大于1450kg/m$^3$，孔隙率宜小于55%。

拌制混凝土采用饮用水，粗集料选用强度高、连续集配好、无碱活性、颜色一致的碎石。

普通混凝土的外加剂，选用具有规模合成外加剂母液能力的生产厂家，不

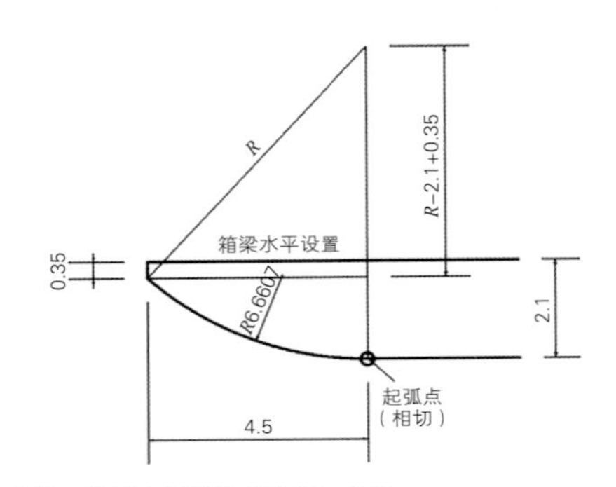

图3　箱梁左侧翼缘板设计示意图

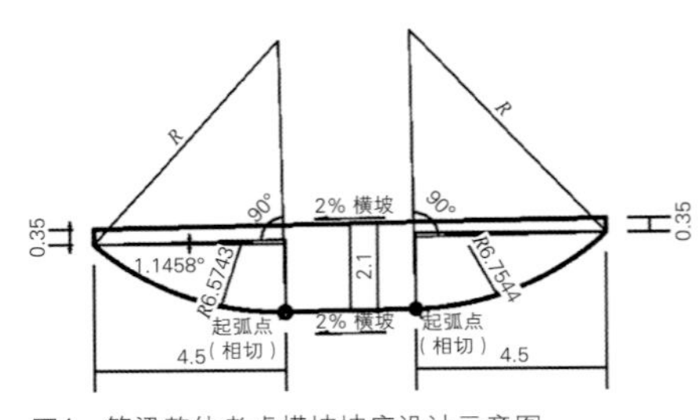

图4　箱梁整体考虑横坡坡度设计示意图

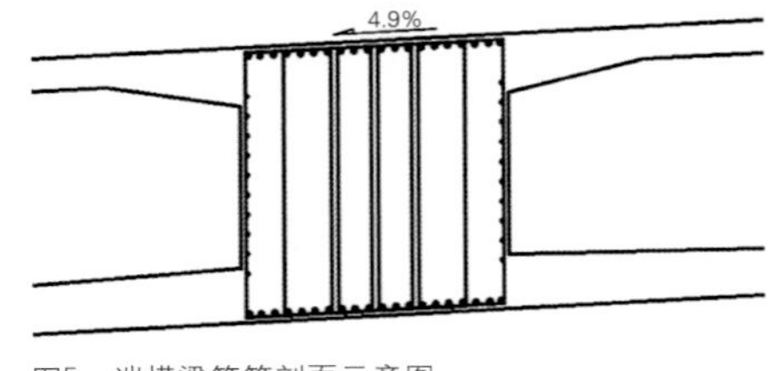

图5　端横梁箍筋剖面示意图

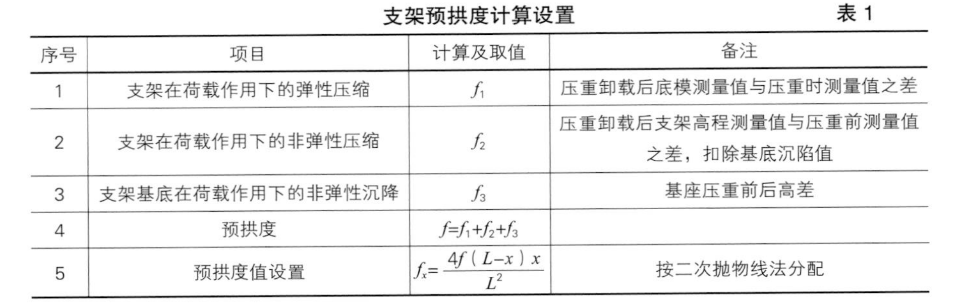
支架预拱度计算设置　　表1

| 序号 | 项目 | 计算及取值 | 备注 |
|---|---|---|---|
| 1 | 支架在荷载作用下的弹性压缩 | $f_1$ | 压重卸载后底模测量值与压重时测量值之差 |
| 2 | 支架在荷载作用下的非弹性压缩 | $f_2$ | 压重卸载后支架高程测量值与压重前测量值之差，扣除基底沉陷值 |
| 3 | 支架基底在荷载作用下的非弹性沉降 | $f_3$ | 基座压重前后高差 |
| 4 | 预拱度 | $f=f_1+f_2+f_3$ | |
| 5 | 预拱度值设置 | $f_x=\frac{4f(L-x)x}{L^2}$ | 按二次抛物线法分配 |

应选用仅有复配生产能力的生产厂家。混凝土应选用减水率不小于20%的聚羧酸系高性能减水剂。外加剂添加适量消泡剂和引气剂，冬期施工时掺入防冻剂，普通混凝土表面不得产生明显色差。

（六）混凝土浇筑过程控制

箱梁浇筑混凝土往往是大方量、大体积混凝土进行浇筑，总体浇筑持续时间较长（一般持续1~3天），合理的施工部署以及人员安排是混凝土浇筑过程中的一大重点，避免现场浇筑混凝土施工混乱，导致出现作业工人劳累、混凝土罐车等待时间过长、混凝土工作性能降低等问题。

在箱梁混凝土浇筑前，编制混凝土浇筑方案并对管理人员、现场作业人员进行交底，针对浇筑过程中的重难点提前进行控制。如鱼腹式箱梁底板两侧翼缘板圆弧段，混凝土浇筑需分层分段进行，同时，在混凝土振捣过程中，应避免圆弧中段混凝土滑移至圆弧底部造成局部混凝土厚度超厚。对作业工人所需的机械设备数量进行检查，重点检查平板振捣器、铁锹、振捣棒等工具。准备养护的篷布、土工布、备用汽车泵、发电机等机械设备、材料。因作业时间较长，需根据作业难度对人员工作时间进行安排，选择两班倒或者三班倒作业方式。检查混凝土输送泵车机械性能以及泵车数量是否满足混凝土浇筑要求，合理选择泵车数量减少混凝土浇筑时间。查询当地当时的天气预报，避免大雨、大雪等恶劣天气，合理确定开始混凝土浇筑时间。

在箱梁混凝土浇筑过程中，混凝土浇筑顺序按照纵向分段、竖向分层、从低向高、从中间向两边对称浇筑的原则进行。横向混凝土从外侧向梁中线浇筑，每跨按照底板→腹板→顶板顺序进行浇筑。底板浇筑时，主要从腹板下料振捣，若腹板下料不能满足底板混凝土量，则在底板中添加适量混凝土。施工作业过程中，指派专人注意观察底板混凝土的稳定性，防止腹板混凝土下坠引起翻浆，造成病害。振捣过程中严禁振捣棒触碰预埋件、模板，避免其偏位。

## 结语

本文通过鱼腹式现浇箱梁变截面线型控制技术对高架桥变截面线型设计等作深化研究，从多方面、多角度剖析线型控制影响因素，通过各个环节的控制，在保证结构与使用功能的同时，建设出符合桥梁美学的高架桥工程。有效控制人力、物力投入的同时节约总体工程造价，创造了良好的社会及经济效益。

参考文献

[1] 欧记锋，王春凯．城市立交桥跨越现状道路的解决方案[J]. 现代物业，2014，13（Z1）：97-98.

[2] 周盛，叶剑伟，周杜科．高架桥墩柱装配式施工技术[J]. 建筑技艺，2018（S1）：275-279.

# 监理在悬挑桁架整体提升中对风险防控作用的探究

龚新波
陕西兵咨建设咨询有限公司

**摘　要：**安全、质量管控是监理行业发展过程中持之不变的主题。随着建筑行业的变革，建筑钢结构的使用，悬挑钢桁架的提升成了一项重要技术。由于悬挑钢结构体积较大，分件高空散装方案存在较大的质量和安全风险，本文针对悬挑钢结构的整体提升管控及风险防控策略进行了探究。

**关键词：**工程监理；悬挑钢结构提升；安全；质量；管理策略

## 一、探究背景

（一）项目概况

本项目钢结构悬挑桁架位于西北角展览馆主入口，下部悬挂网壳不锈钢折板＋玻璃幕墙，外侧为GRC幕墙。钢结构悬挑桁架跨度大、钢板厚度较大、杆件自重大、安装高度高，若采用常规的分件高空散装方案，需要搭设大量的高空支撑架，不但高空组装、焊接工作量大，技术经济性指标较差，而且存在较大的质量、安全风险。监理部为了对悬挑钢结构整体提升进行研究，组织各参建单位展开了各项调研。通过监理部不间断的验算和审查，对悬挑钢结构专项方案逐项分析，组织专业技术人员复核钢结构计算书，经多次论证，若将悬挑桁架在地面拼装成整体后，采用“超大型液压同步提升施工技术”，将其整体提升到设计标高，再在对口处进行杆件焊接，将大大降低现场高空焊接的施工量和施工难度。

（二）提升概况

主要提升对象为展览馆主入口，地上4层，建筑高度29.85m。位于建筑西北角，入口处建筑造型需要在顶部双向从混凝土墙体内挑出1层高的钢桁架结构，将端部连接在一起，从桁架节点处设置拉杆，下挂入口网壳造型钢结构，最大悬挑钢梁41m，结构高度18m，主体钢结构材质为Q355钢材，钢桁架结构质量约300t，整体钢结构质量合计400t，提升高度为30.5m。

（三）重点分析，事前策划

1.结合钢结构悬挑桁架施工悬挑长、重量大、提升高度高的特点与难点，公司专家与监理部成员共同成立专项工作小组，建立安全质量管理机构领导组（包括专家、总监、安全总监、土建工程师、BIM工程师、质量监理、材料监理、信息员）等。

2.自领导组成立后，总监及时组织人员熟悉本次提升的难点与特点，监理安全质量责任制、管理规章制度，明确相关职责，树立安全质量意识，组织编制本次提升策划方案，并完成现场相关交底工作。

3.通过监理BIM工程师用3D实体进行建模。实现钢结构BIM三维实体建模出图进行深化设计的过程，其本质就是进行电脑预拼装，实现“所见即所得”的过程。所有的杆件、节点连接、螺栓焊缝、混凝土梁柱等信息都通过三维实体建模进入整体模型，该三维实体模型与以后实际建造的建筑完全一致。

4.领导小组全程参与总承包单位的安全策划、安全培训教育，落实过程管理，便于在提升过程中使安全与质量处于受控状态，审核编制的专项施工方案，对结构反复进行验算。通过 Midas 对提升钢结构的提升过程进行验算，自重系数为 1.36，由于提升过程缓慢，提升过程不考虑动力效应。选择水平两个方向为 0.001kN/mm 的弹簧作为约束，其他两个方向为零位移固定约束。监理提出意见，并要求总包单位修改直至合格。

经验算，最大竖向位移为 20mm，最大水平位移为 22mm，钢构件应力比不超过 0.52，钢结构构件的变形和强度均满足设计要求。

5. 安排测量监理工程师对提升平面测量、高程控制点、加密水准点、轴线控制点、监测初始值等进行审验和复核，保证了复核成果独立可靠；同时根据工程的进展情况对施工放样及时复核，发现超差及时要求施工单位重新测放、复核，以确保工程位置的准确性。

6. 材料监理加强对进场原材料的管理力度，督促施工单位收集进场材料的质保资料，并及时进行见证取样送检和监理平行检测工作，确保材料合格后投入使用，从源头上保证工程质量符合要求。

7. 督促总包单位加强安全质量预控力度，落实“三检制”、严格执行“PDCA”程序，强化报验制度，严格按设计及规范要求开展具体焊接与提升，认真做好质量通病的防控工作。

8. 悬挑钢结构提升前，领导小组再次进行复核并提出详细的要求。在提升过程中公司采用计算机软件对桁架提升进行受力分析，并采取全过程的质量跟踪和检测措施，确保安全施工和工程质量。

## 二、程序控制，明确流程，确定控制点

（一）整体管控，分级管理

1. 根据领导组，进行分工，分层次管理，落实管理职责。

2. 形成一套完整的制度、实施细则和流程，主要包括例会制、检查制、责任制、评审制、危险源重大点监控制、审批制、监督制等操作性强的实施细则和流程。

3. 对安全、质量存在的各项风险点进行分析，并制定防范措施。

4. 重视静态、动态管理，进行有效跟踪与诊断，采取措施纠偏，执行“PDCA”程序形成有效的闭环。

5. 确定本次提升安全质量管控的经济制约手段，对工程质量、安全进行有效的管控，监理全程参与发挥应有的作用。

（二）明确目标、逐项分析

1. 专项工程监理组与总包单位确定提升塔架与平台、时间，提升准备材料，提升需要满足的设计条件及应急措施。

2. 明确吊点的位置、提升的标高、焊接的质量验收标准、连接部位的衔接方式。

3. 明确各项提升准备工作，做好提升安全与质量管控的桌面演练准备工作。

4. 根据目标逐项进行分析论证，计算提升的精确度与边界线，确定安全质量管控流程。

（三）确定提升，明确流程

配合本次主要使用的关键技术和设备：①超大型构件液压同步提升施工技术；② TLJ-600 型液压提升器；③ TL-HPS60 型液压泵源系统；④ TL-CS 11.2 型计算机同步控制系统。

根据设计参数，审核完成后的施工及提升方案，监理在实施过程中的任何环节进行严格的监督和管理，保证严格履行监理职责与义务。在提升过程中，引进新技术，提高管理控制水平，加强工程安全质量的过程管控手段与措施，从而提高工程的安全与质量（表 1）。

**监理管控内容和措施** **表 1**

| 提升阶段 | 管控内容 | 监理管控措施 |
|---|---|---|
| 准备阶段 | 拼装为整体提升单元 | 监理进行分项与提升单元由分到合的全面检查，检查合格后做提升准备 |
| | 提升塔架组装 | 检查塔架组装人员资质，全过程旁站监督，检查液压泵源系统、提升器、传感器等合格证书；检查临时措施是否完善，是否满足要求 |
| 提升阶段 | 提升单元脱离拼装胎架 | 优化吊装方案，悬挑桁架在地面拼装，整体提升；对小型构件采取吊装方式，最大限度减少吊次；正式提升前再次检查确认钢结构提升单元姿态、液压提升器以及提升支架是否存在异常 |
| | 设置监测点 | 所有人员在桁架 T1、T4、T5 吊点下部设置激光标靶，设置三台红外线垂准仪，通过红外线垂准仪光标移动监测水平位移 |
| | 逐步提升 | 监理全程测量各个吊点与设计标高的高差并做好记录，作为各个吊点需继续提升距离的依据；降低液压同步提升的速度，各提升吊点通过计算机系统的“微调、点动”功能，使各提升吊点依次到达设计标高，满足对接要求 |
| 完成阶段 | 对接安装 | 监理监测提升单元与预装段牛腿对接，过程查看杆件安装，使其形成完整受力体系 |
| | 分阶段卸载 | 全程监督拆除端部吊点，具体卸载操作时，监理人员监控液压同步提升系统按照设计荷载的 95%、90%、80%、70%、60%、50%、40%、20% 的顺序依次分级卸载，直至钢绞线松弛，结构荷载全部转移至两侧主楼结构上 |

拼装前，监理反复测量和复核，严格按照深化设计的控制坐标点进行坐标拟合，检测拼装单元的几何尺寸，采用高精度全站仪对拼装单元进行空间三维坐标控制，确保提升过程中的安全与质量。

在监理部全程旁站和指导下，经过紧张有序的施工，终于成功地完成悬挑桁架提升。本次提升从准备到结束历经30天，悬挑桁架提升的成功源于前期的充分准备与复核，彰显了监理部和各单位的科学管理及合理布局。此次悬挑钢桁架的吊装完成标志着项目的主体结构全部完成，为之后的精装修阶段奠定了基础。

## 三、事后观测，确保达标

现场监理人员充分采纳和听取公司以及邀请的各方专家意见，解决了过程中的监测精度问题，消除了不连续等不利影响，通过现场持续监管，保障了提升过程的安全与质量。

1. 监理人员协调专业施工人员根据制定的观测方案，在悬挑桁架上布置了17个测点进行变形监测，对每个施工节点测一次桁架竖向位移数据，直至结构荷载全部转移至两侧主楼结构上，经检测各测点位移变化协调同步，提升过程姿态保持不变。

2. 卸载之后，经全站仪持续观测，挠度变形满足设计要求，结构完全稳定。

3. 拆除液压提升系统及临时措施等，完成悬挑桁架的提升作业。

4. 监理领导组针对悬挑钢结构卸载过程及主次安装过程进行逐项分析，主要对位移、应力结果进行分析，确保应力变化与结构变形保持在允许范围内，参看应力和挠度的变化过程，保证结构受力的性能。

监理部通过本次提升管控赢得了建设单位与施工单位的认可，为后期各项工作开展奠定了良好的基础，同时应用新技术解决管理过程中遇到的疑难问题，积累了同类型工程监理的宝贵经验，缩短了工期，保证了安全。

## 四、悬挑钢结构提升策划引发的思考

（一）管理先行，做好管控

组建管理部门，落实管理责任；实行整体管理，分层次把控；建立健全管理制度，统筹考虑。

（二）技术策划，归口管理

1. 重视加强各阶段管理，做好技术策划。通过提升设备扩展组合，提升重量、跨度、面积不受限制；采用柔性索具承重，只要有合理的承重吊点，提升高度不受限制；液压提升器锚具有逆向运动自锁性，使提升过程十分安全，并且构件可以在提升过程中的任意位置长期可靠锁定；液压提升器通过液压回路驱动，动作过程中加速度极小，对被提升构件及提升框架结构的附加动荷载很小；液压提升设备体积小、自重轻、承载能力大，特别适宜在狭小空间或室内进行大吨位构件提升。

2. 运用新技术和新设备提前演练模拟，做到事前控制。本次提升的设备自动化程度高、操作方便灵活、安全性好、可靠性高、使用面广、通用性强。

3. 做好相关技术归口管理，做好技术推广与借鉴工作。悬挑钢结构的整体提升具有提升方面的创新性，相对于高空焊接散件钢结构有更好的安全性和可靠性。提升过程中采用计算机同步控制系统对提升的全过程实时监控，使得提升过程更加科学化、合理化。该液压提升技术值得其他钢结构提升工程加以借鉴。

## 结语

悬挑桁架钢结构液压整体提升风险防控，对液压式整体提升方案经过有限元结构分析论证为可行，提升机械设备和提升检测设备技术成熟，可以得到保证。为使成功提升与结构完美契合，总包单位加强措施，监理单位从策划到实施过程加大管控力度，最终达成预定目标，完成了本次悬挑提升，降低了工程安全质量风险、造价成本以及后期运维成本，为公司及后期同类型项目积累了经验。

# 重庆 ABB 迁建项目试验大厅屏蔽施工监控要点

刘宇林
重庆赛迪工程咨询有限公司

**摘　要：**本文阐述了通过采用新型隐形拼装式结构冲孔镀铝锌波浪屏蔽板，对屏蔽板与檩条及檩托连接处的绝缘部分进行细部处理，对穿过屏蔽层的通风口、管道及供配电等进行特殊处理等措施，保证了试验站的电磁屏蔽效能、混响时间和整体绝缘效果满足业主的生产需求。

**关键词：**冲孔镀铝锌波浪屏蔽板；电磁屏蔽效能；混响时间；绝缘电阻

## 引言

重庆 ABB 变压器有限公司由 ABB 集团与重庆变压器有限责任公司于 1998 年共同投资组建而成。作为 ABB 全球最大的变压器制造基地之一，重庆 ABB 变压器有限公司专注于电力变压器、电抗器、高压直流换流变压器及特高压交流变压器的设计与生产，年生产能力超过 50000MVA，拥有员工约 520 人。产品范围：1000kV 及以下交流电力变压器、±1100kV 及以下直流换流变压器、750kV 及以下电抗器、各类成套绝缘件，涵盖国内及国外市场的 50Hz 和 60Hz 产品。特高压变压器试验站是其中的核心技术集成，产品在出厂前都必须经过特高压试验测试，要求电磁波频率范围为 0.15~5.0MHz 内的电磁屏蔽效能大于或等于 60dB；在频率 500Hz 下混响时间小于 5s；直流耐压 1kV 时，绝缘电阻不小于 10kΩ。

## 一、电磁屏蔽原理浅析

本项目试验大厅电磁屏蔽的基本原理是用屏蔽材料将被干扰对象封闭起来，形成一个大的法拉第笼，使其内部电磁场强低于允许值[1]。

法拉第笼是一种用于演示等电位、静电屏蔽和高压带电作业原理的设备，通常由金属或良导体构成，并具有与大地相连的结构。法拉第笼广泛应用于保护敏感电子设备免受外部电磁干扰，同时也用于防止雷击和静电放电造成的伤害。其笼体与大地连通，根据导体静电平衡条件，笼体是一个等电位体，其内部电位为 0，在理想情况下电荷均匀分布在球体的表面，在球体里是没有电场的，从而阻断电磁场，起到屏蔽作用[2]。

法拉第笼对电流能起到分流和均流的作用。电流对称地流过法拉第笼的金属屏层入地，笼内的电磁场相互抵消削弱，从而降低电磁场的干扰强度[3]。

## 二、主要控制指标及屏蔽系统工艺流程

（一）主要控制指标

1. 试验站一：建筑轴线尺寸 60m（$L$）×42m（$W$）×40.45m（下弦高），控制室尺寸 23m（$L$）×5m（$W$）×4m（层高）。试验站二：建筑轴线尺寸 45.4m（$L$）×34m（$W$）×29.45m（下弦高），控制室尺寸 23m（$L$）×4.2m（$W$）×4m（层高）。电磁波频率范围为 0.15~5.0MHz 内的电磁屏蔽效能大于或等于 60dB。

2. 混响时间：要求在频率 500Hz 下混响时间小于 5s。

3. 屏蔽系统绝缘：墙顶面屏蔽檩条直流耐压 1kV 时，绝缘电阻不小于 10kΩ。

（二）屏蔽系统工艺流程

总平面图要求划区→做安装前所有准备→ SOG 单位负责水稳层、PE 膜、屏蔽保护垫层施工→地面屏蔽层施工→

SOG 单位施工至 –0.050 →钢结构完成墙顶面檩条及其绝缘处理施工→墙顶面屏蔽层施工→屏蔽大门、小门、波导窗、灯罩等安装施工→电气安装（滤波器、线缆、配电箱、大小门的调试、安防设施的安装）→控制室装修施工→电气连通（高压连锁）→ SOG 环氧地坪施工至 ±0.000 →第三方性能检测合格→工程竣工。

## 三、屏蔽板的制作及性能

（一）屏蔽板的制作

本工程中的试验大厅采用无锡市安信屏蔽设备有限公司设计的隐形拼装式结构冲孔镀铝锌波浪板屏蔽方案。此方案将建筑、屏蔽、吸声及装饰四者有机地结合为一体，该方案在目前较为先进、经济，且具有较佳的屏蔽效能，性价比较高，结构新颖、性能可靠，使用寿命长，施工周期短。

1. 墙顶面屏蔽板采用 0.6mm 厚的镀铝锌屏蔽板（穿孔率为 2%，孔径为 0.78mm），数控冲吸声小孔后，经成型机加工成 350mm 宽标准波浪板，多张屏蔽板咬口连接后，接缝采用电阻焊点焊连接，构成一个大块屏蔽板单元。由于屏蔽板采用小波浪形结构，其强度远超平板屏蔽板，在地面平整的情况下，正常的踩踏不会使其变形。根据现场情况，试验站一墙面屏蔽板单元宽度为 2 跨（14~16.5m），高度为 33m（横墙）或 40m（山墙），顶面屏蔽板单元宽度约 13m（在悬挂吊轨道处断开），长度约 20m；试验站二墙面屏蔽板单元宽度为 2~3 跨（16~22.5m），高度为 21m（横墙）或 29m（山墙）。

2. 屏蔽板加工成型后，将 50mm 厚吸声棉卷毡（密度 16kg/m$^3$ 的离心复合固化细玻璃丝棉）裁成相应长度，外包塑料膜保护层防止脱落及污染，并用钻尾螺丝将吸声棉固定在屏蔽板背面，从而满足试验站在 500Hz 下混响时间小于 5s 的技术指标。

3. 拼接的接缝在点焊焊接完毕以后，应仔细检查焊接质量。在拼接成大的屏蔽板单元上做吊装用的工装。在制作吊装的工装时应充分考虑工装的承重能力和屈服强度，从而选择制作工装的材料和数量。

4. 屏蔽板和工装之间的每一个十字交点皆应用 3 号角钢连接，3 号角钢与工装的接触点采用焊接连接，其焊缝长度不应小于工装方管尺寸的一半。3 号角钢与屏蔽板的接触面用强自攻螺钉连接。在连接完毕以后应清理屏蔽板上的杂物，防止起吊时滑落伤人。

（二）冲孔镀铝锌波浪屏蔽板的性能特点

冲孔镀铝锌波浪屏蔽板与以往的镀铝锌平板相比较具有以下优点：

1. 从屏蔽性能上来说，由于采用了半自动点焊连接，屏蔽板连接处的电气连续性更好，屏蔽效能更加安全可靠。

2. 屏蔽壳体墙、顶部全部采用彩涂镀铝锌板，颜色由业主选定，由于其本身优越的耐腐蚀性、耐磨性，安装时板体表面不会留下任何安装痕迹，安装结束后只需把表面浮尘轻轻擦拭即可，无须进行内部装修。

3. 板体加工成波浪形后其强度远大于普通镀铝锌平板与加强筋结构，且平整度更佳。

4. 安装完成后大厅整体视觉上具有强烈的银白色金属质感，全波浪冲孔板墙面更具立体感。

## 四、屏蔽施工控制要点及难点

（一）地面层屏蔽

1. 地面层屏蔽采用一层钢板网作为屏蔽体制作材料，四周采用过渡地框与屏蔽墙体相连接，为保证过渡地框不产生变形、移位，地框采用 1.2mm 镀锌钢板折弯制作，具体尺寸根据现场情况调整，保证过渡地框竖向高出 ±0.000 地坪 50mm，横向与地面屏蔽网搭接不小于 50mm，焊点间距 100mm。

2. 清理施工现场，施工现场内不允许有钢筋、焊条头及焊渣等金属杂物。

（二）墙面、顶面绝缘层

1. 墙面、顶面屏蔽板通过檩条与钢柱连接，该处的绝缘处理采用在檩托板处增加绝缘垫块的方式，避免屏蔽檩条与钢柱直接接触，从而达到绝缘的效果。

2. 由于檩条与檩托板通过螺栓固定，螺栓属于导电体，直接安装会造成檩条与檩托板连通，即与大地连通，从而破坏绝缘效果，因此，在螺栓外侧须增加绝缘套管，使螺栓与檩条不直接接触，确保绝缘层不被破坏。

（三）屏蔽大门吊装

本项目共有屏蔽大门 4 套，其中水平移动屏蔽大门有试验站一内 15.8m（*W*）×25m（*H*）1 套、15.8m（*W*）×24m（*H*）1 套；试验站二内 10m（*W*）×18.5m（*H*）2 套。采用气密屏蔽，上传动水平移动形式，电动操作、无门槛。屏蔽大门采用的型钢将预先进行调平调直处理，确保尺寸满足安装需要，拼缝焊接将进行检漏确保可靠；外侧用彩色压型板做蒙面，颜色与墙板颜色相同。大门轨道梁采用弧形金属罩装置，确保金属罩表面无尖角，金属罩颜色与墙板颜色相同。门扇、门框拼合时，确保其尺寸精度，特别是对角线误差、平面的平整度。

安装时，先吊装导轨（用工字钢或H型钢经特殊处理制作），把导轨吊在预先制作的牛腿上并按预定的尺寸调平调直后焊接。焊接过程中采用满焊，杜绝虚焊假焊等不合格焊接。随后再吊门框，用型钢做加固连接，防止吊装变形，初步定位与地面预埋件垂直。门扇吊装方式同门框一致。门扇吊装到位后，与转动装置连接，调整其尺寸位置，并与门框做相应调整，确保两者之间的间隙均匀一致，不出现摩擦簧片现象。

（四）通风口屏蔽处理

试验大厅所有通风口须增设波导窗作为屏蔽处理。波导窗的主材为锡钢带，经过成型机压制成型后拼接，然后以角钢型材固定，整体浸锡，再在表面作喷漆处理。

通风波导窗的插入衰减与屏蔽室指标相一致，它是由许多小波导组成的波导束，其截面形状设计制作为六角形，在同等插入衰减能力条件下，六角形波导的通道面积大于方形波导，从而扩大了通风面积，减少换气阻力。

波导通风窗利用波导高通滤波的原理对电磁波进行屏蔽，即波导对高于截止频率的电磁波分别予以通过，而对低于截止频率的电磁波进行衰减，其衰减量（屏蔽效能）与波导的长度成正比。

（五）管道的屏蔽及绝缘处理

进出屏蔽层的所有管道应采用镀锌钢管无缝连接或者绞丝连接，在穿过屏蔽层处加设波导管，波导管与屏蔽板满焊连接，穿过波导管的金属管相应部位外表加绝缘套管。

（六）供配电屏蔽处理

配电箱、插座箱、吊车控制箱、照明、事故照明、安全出口指示灯的所有电源、信号（包含电视信号线、网线、视频信号线、音频信号线、电话线、控制线）进出屏蔽层都必须经过滤波装置（滤波器、光端机）。

## 五、监理过程把控

针对屏蔽施工的难点和特殊工艺要求，监理部总监组织专业监理工程师集中学习、共同讨论设计图纸和施工方案，对每一个结构细部和特殊要求烂熟于心，对施工的难点反复揣摩、着重强调，并制定出翔实又切实可行的监理细则。

在施工过程中严把材料进场关和施工过程，全程严格把控，重点和关键环节全程旁站。在施工过程中与施工技术员及操作员紧密协作，及时沟通协商，对方案中不合理部分进行优化，采取最优的施工方案，避免不必要的返工和整改。在满足设计和规范及技术协议的要求前提下，尽量节约费用和缩短工期。

监理人员在性能测试和效果检验及试车过程中，严格监督相关方按预定方案实施，保证了全过程真实有效、检测结果可靠。

## 六、工程实施效果

通过采用新型隐形拼装式结构冲孔镀铝锌波浪屏蔽板，对屏蔽板与檩条及檩托连接处的绝缘部细部处理，对穿过屏蔽层的通风口、管道及供配电等进行特殊处理等措施，保证了试验站的整体绝缘效果。同时在施工过程中对制作和安装过程的质量严格把控，各项工艺技术指标测试均满足技术协议和规范要求。

1. 试验站屏蔽效能最小为68dB，满足设计和技术协议要求，具体检测结果如表1所示。

2. 试验站在500Hz下的混响时间不大于2.09s，满足设计和技术协议要求，具体检测结果如表2所示。

3. 直流耐压1kV时，绝缘电阻大于或等于13kΩ，满足设计和技术协议要求。

500kV及1000kV试验站屏蔽效能　表1

| 频率 | 500kV试验站屏蔽效能/dB | 1000kV试验站屏蔽效能/dB |
|---|---|---|
| 0.15MHz | ≥72 | ≥68 |
| 1.0MHz | ≥81 | ≥80 |
| 5.0MHz | ≥74 | ≥68 |

频率500Hz下试验站混响时间　表2

| 频率 | 500kV试验站混响时间 | 1000kV试验站混响时间 |
|---|---|---|
| 500Hz | 1.44s | 2.09s |

### 参考文献

[1] 严向锋．电机试验站抗电磁干扰设计原理简述[J]．电器工业，2010（2）：67-70．
[2] 林政，黎梓华，唐雷．浅谈如何利用法拉第笼原理防护雷电电磁脉冲[J]．气象研究与应用，2009，30（1）：83-84，87．
[3] 黄志鹏．基于MATLAB的直击雷时核电厂法拉第笼电磁防护效果研究[J]．现代建筑电气，2020，11（6）：34-37，42．

# 地铁 110kV 主变电所工程特点分析及监理工作总结

包善波
北京赛瑞斯国际工程咨询有限公司

**摘　要：**本文分析了长株潭城际轨道交通西环线工程地铁110kV北津主变电所工程的特点；介绍了施工准备阶段，施工阶段质量、进度、造价管控等内容；总结了相关的监理工作经验，供今后同类工程参考。

**关键词：**输变电工程；地铁工程；质量监控

## 一、110kV 主变电所工程概况

110kV 变电所规范名称为变电站，但“变电所”仍为常用名称。在地铁项目中，为区别于 35kV 以下变电所，110kV 变电所称为主变电所。

（一）系统组成及功能

主变电所系统，由主变电所、110kV 线路及对侧间隔三个部分组成，具体包括：

1. 新建 110kV 主变电所（红线以内）及相关的电气一次、二次设备，土建和常规风水电、站内通信。

2. 110kV 线路工程。包括两回 110kV 线路。一般为电缆线路，也可能含架空输电线路。

3. 对侧间隔扩建工程。对侧即电源侧，一般为附近的两个 220kV 变电站，也可能由其他 110kV 主变电所转供。长株潭城际轨道交通西环线工程 110kV 北津主变电所由附近的一个 220kV 变电站的两段母线供电，属于特殊情况。

（二）主变电站电气一次、二次主要设备介绍

1. 两台 110/35kV 主变压器，接线组别 Yn，d11。35kV 为三角形接线，为不接地系统，无中性点。

2. 两台 110kV 气体绝缘封闭式组合电器。设备主体为气体绝缘金属封闭开关设备（英文名称缩写为 GIS）。还包含电流互感器、电压互感器、避雷器等。

3. 35kV 气体绝缘开关柜，高压成套配电柜。气体绝缘是为了缩小体积，其中断路器一般为真空断路器。

4. 两台 35kV 中性点小电阻接地成套装置。含干式接地变、小电阻柜等。接地变，即接地变压器，属于电抗器，功能是为三相 35kV 系统提供一个人为的中性点。

5. 两套无功补偿装置。包括无功补偿成套装置（英文名称缩写为 SVG）、并联电抗器。每套无功补偿装置可能只有两者之一。每套无功补偿装置的设计由对应的 110kV 线路工程的情况决定。其中 SVG 含配套的干式变压器。

6. 两台 35/0.4kV 站用电干式变压器。有可能没有站用变，由接地变压器增加第三绕组，为变电所设备供电。

7. 站用低压配电屏，一体化电源系统。

8. 电气二次设备。含计算机监控系统、110kV 线路保护系统、主变保护柜、安全辅助监测系统等。

## 二、110kV 主变电所工程特点分析

1. 工程划分。根据项目建设管理和施工质量验收的需要，主变电所系统一般分为土建部分、电气部分。

土建部分：主变电所房屋建筑部分（含土建和风、水、动力照明，消防，火

灾报警等)、110kV 线路(电缆线路、架空线路)的土建部分(电缆通道、铁塔、接地装置安装等)。

电气部分:电气一次、二次设备,接地装置安装,110kV 线路(电缆、架空输电线和光缆等),站内通信以及对侧间隔扩建工程。

2. 工程规模不大,专业较多。一般变电所建筑面积约 2000m$^2$,地下 1 层,地上 2 至 3 层。

3. 工期通常较紧张。一般从开工到变电所送电工期为一年左右。项目开工时可能部分规划审批程序、施工图设计工作尚未完成。变电所建筑结构等施工图设计需乙供电气一次、二次设备招标完成,如项目开工时乙供电气一次、二次设备尚未完成招标,对进度管理影响较大。110kV 线路土建部分可能影响工期的不确定因素较多。

4. 110kV 线路部分可能包含据实结算内容,是投资管理的重点。

## 三、110kV 主变电所监理工作要点

(一)总体管理

1. 施工组织设计审查。在主变电所周边可利用场地较小的情况下,施工总平面布置(临时设施布置)应兼顾工程施工各阶段的需要。

2. 分包单位资格审查。电气部分为主要部分,不允许分包,劳务、试验检测等内容除外。

3. 工程开工审查。工程正式动工时规划审批程序应完成。例如 110kV 线路工程、市政给水排水接入工程等。

(二)工程质量控制

1. 工程前期(施工准备)阶段

图纸会审内容:土建部分,应为建筑、结构、给水排水、消防、通风空调、动力照明等各专业图纸。建筑和结构设计一般还应以电气一次、二次设备形式为基础。

图纸会审重点:配电装置离建筑墙柱等的距离,包括安全距离、检修需要的空间;建筑是否为各专业预留合适的接口,如地下室和屋顶通风设备、给水排水和消防管道穿墙;各专业的主要设备和门口、电缆通道口等的位置是否冲突。

图纸会审还应注意施工图设计中可能存在实施难度显著高于同类工程的内容,承包单位能否按图实施,避免产生争议。此外,应注意地面高差较大处是否设计了足够的防护(挡土墙、护坡等)。

设计联络:电气一次、二次设备设计联络工作深度足够,各设备的接口办法完整,可避免出现遗漏或冲突。设备接口还包括地铁正线综合监控系统等的接口。

2. 施工阶段

(1)设备、材料审查。应审查重要设备、材料的供应单位资格。按照合同、相关标准等对重要的设备、材料进行复验。部分原材料供应紧张时,应特别注意可能出现以次充好等问题。

(2)审查施工管理人员、工艺要求高的工序作业人员(如高压电缆头制作)、特殊作业人员资格。

(3)审查试验(检测)单位的资质。

(4)质量通病防治。重点在设备基础、设备接地、消防、防水工程等,这些工程内容比较容易出现质量缺陷,并影响安全和使用功能。

(5)电气一次、二次设备出厂验收。重点为 110/35kV 主变压器、110kV GIS、35kV 气体绝缘开关柜,其次为电气二次设备、无功补偿装置等。应结合设备生产计划安排验收计划,宜在设备尚未组装完成时进行。

(6)主要旁站工序及部位。土建部分:桩基础、框架梁柱混凝土浇筑,大体积混凝土浇筑,建筑地下防水,屋面防水,保温层施工,全高在 100m 以上高塔平口以上部分组立,大跨越铁塔组立等。电气部分:大型接地网接地阻抗测试,主变压器就位、套管安装、局放试验,GIS 安装,高压电缆头制作与耐压试验,导线、地线压接等。其中 GIS 安装、高压电缆头制作等安装环境应符合标准,不应有扬尘及产生扬尘的环境。

(7)成品保护:重点为电气一次、二次设备的成品保护。应合理安排工序,避免不必要的交叉施工。电气一次、二次设备安装前,设备房间内墙、顶棚装修应完成。

(8)必要时组织质量专题会、积极参加各类质量协调会,对各级检查提出的质量问题充分重视并跟踪整改过程,逐一销项。

(9)重要的中间验收。地基验槽;配电装置楼首层钢筋模板验收(地下室顶板);地基与基础、主体结构分部工程验收;电气设备安装前验收(主变电所部分、110kV 线路部分);装饰装修,风、水、动力照明,110kV 线路土建部分等分部工程验收;电气设备安装、110kV 电缆敷设、调试等分部工程验收;主变电所送电投运前验收;单位工程预验收。

依据《输变电工程质量监督检查大纲》,申请阶段质量监督时应先完成本阶段的验收工作。

（三）工程造价控制

1. 如有据实结算部分，应组织建设单位、承包单位确定据实结算细则（流程），特别是依据施工图不能确定实际工程量的改迁工程、措施项目等的计量流程。

2. 应从质量、安全、造价、项目的功能要求和工期等方面审查工程变更方案，并宜在工程变更实施前与建设单位、承包单位协商确定工程变更的价款。

（四）工程进度控制

1. 如乙供电气一次、二次设备招标未完成，需作为进度管理的重点。电气一次、二次设备招标完成后，应及时组织进行工程设计联络。

2. 110kV 线路土建部分，应在规划审批程序、施工图设计工作等完成后尽快开工。线路土建部分进度计划中，环境较复杂、施工难度较大的施工段应排在前面施工。

（五）安全生产管理监理工作

1. 土建部分，涉及高大模板支架等危大工程。其中 110kV 线路部分，可能涉及较陡边坡，既有围墙边施工，占用道路施工，穿越高速公路、铁路等风险。

2. 电气部分，主要安全风险为部分高空作业、电气设备高压试验等。高压试验前应设置好警示标志和围栏，并应避免交叉施工。

参考资料

[1]《国家电网公司输变电工程建设监理管理办法》
[2]《输变电工程质量监督检查大纲》
[3]《国家电网有限公司输变电工程质量通病防治手册（2020 年版）》

# 浅谈混凝土模板支撑工程监理的安全履职工作

沈加斌　陈桢楠　沈瑶瑶
五洲工程顾问集团有限公司

**摘　要：**建筑工程中，混凝土模板支撑工程引发的坍塌是重点事故之一，一旦发生影响面较大，后果较严重，对参建单位责任追究也非常严厉，作为参建主体之一的监理单位往往履职不到位，导致监理单位资质证书吊销、降级，同时也会导致监理企业主要负责人及现场监理人员被吊销执业资格证书，受到经济处罚、刑事处罚等。对监理的责任追究体现了国家对建筑工程的监理安全工作的规范化和法制化。本文围绕混凝土模板支撑工程管控要点，阐述此类工程安全工作应履行的监理工作程序及监理管理痕迹留存，对抓好混凝土模板支撑工程监理安全工作具有深远意义。

**关键词：**混凝土；模板支撑

混凝土模板支撑工程包括模板的制作、组装、运用及拆除，该工程对钢筋混凝土结构的质量和施工安全的影响较大。据有关部门的不完全统计，混凝土模板支撑工程引发的坍塌事故占混凝土工程施工过程中安全事故的70%以上，尤其是高大混凝土模板支撑工程，一旦坍塌则可能会造成群死群伤的较大以上甚至是特别重大安全事故。为避免混凝土模板支撑工程安全事故的发生，作为监理人员应围绕混凝土模板支撑工程的施工安全管控要点，实施监理安全管理工作。

## 一、危险性较大及超过一定规模的分部分项工程范围

1. 危险性较大的分部分项工程：搭设高度5m及以上，或搭设跨度10m及以上，或施工总荷载（荷载效应基本组合的设计值）10kN/m$^2$及以上，或集中线荷载（设计值）15kN/m及以上，或高度大于支撑水平投影宽度且相对独立无联系构件的混凝土模板支撑工程。

2. 超过一定规模的分部分项工程：搭设高度8m及以上，或搭设跨度18m及以上，或施工总荷载（设计值）15kN/m$^2$及以上，或集中线荷载（设计值）20kN/m及以上的混凝土模板支撑工程。

## 二、生产安全重大事故隐患判定标准

1. 重大事故隐患概念：重大事故隐患是指在房屋建筑和市政基础设施工程施工过程中，存在的危害程度较大、可能导致群死群伤或造成重大经济损失的生产安全事故隐患。

2. 重大事故隐患通用判定标准：架子工建筑施工特种作业人员未取得特种作业人员操作资格证书上岗作业；混凝土模板支撑工程属于危险性较大的分部分项工程未编制、未审核专项施工方案，或未按规定组织专家对“超过一定规模的危险性较大的分部分项工程范围”的专项施工方案进行论证。

3. 重大事故隐患专用判定标准：模板工程的地基基础承载力和变形不满足设计要求；模板支架承受的施工荷载超过设计值；模板支架拆除时，混凝土强度未达到设计或规范要求。

## 三、混凝土模板支撑工程施工安全风险分析

（一）搭拆操作人员技能及素质的影响

混凝土模板支撑工程搭拆操作人员的技能及工作责任心，直接影响混凝土模板支撑工程的搭设质量，对施工安全影响极大；操作人员的安全意识及个人安全防护措施是影响施工安全的重要条件。为此，操作人员尤其是架子工特种作业人员持证上岗、体检上岗、穿戴劳动防护用品、安全教育和安全技术交底尤为重要。

（二）混凝土模板支撑工程所用材料的影响

混凝土模板支撑工程使用的材料种类繁多，尤其是引用创新技术后，式样增多、供应环节复杂、周转频繁、保养不到位等因素，导致混凝土模板支撑工程所使用的材质本身就存在质量问题，必然给混凝土模板支撑工程施工安全带来隐患。为此，材料报审、进场材料现场质量抽查及复试等工作比较重要。

（三）搭拆方案的风险

不同的工程项目及不同的施工部位，模板支撑工程的几何尺寸、荷载及施工条件并不相同，应依据相关法律、法规、规范性文件、标准、设计文件，编制专项施工方案并经过科学的设计计算，在设计计算过程中需要考虑模板的工况，采用正确的荷载值、材料的性能指标、分项系数、力学模型、计算方法，同时完善方案的编制、审核、审查程序，涉及超危大工程方案的，须组织专家论证，施工作业前完成方案交底及安全技术交底工作。

（四）安装工程质量的风险

在安装工序开始前，进场模板周转次数不宜过多。模板安装过程中，极易出现模板接缝不严密，未重视模板加固，导致安全性、稳定性不足，致混凝土出现漏浆跑模，甚至暂停浇筑的情况。

（五）基础及支撑面的承载力风险

模板支撑工程的地基基础承载力和变形应满足设计要求，施工现场易出现基础不坚实平整、承载力不符合情况；支架底部未设置垫板、扫地杆不符合情况；支架设置在楼面结构时，无加固措施，导致立杆下沉、倾斜或架体失稳而造成模板支撑工程体系坍塌。

（六）混凝土施工过程的风险

混凝土浇捣时的施工荷载是模板支撑工程系统所承受的主要荷载，混凝土拌合料的堆放、浇捣顺序、混凝土输送、振捣所产生的振动，都有可能对支撑系统的稳定性和承载能力产生不利影响。

（七）拆除施工安全风险

混凝土模板支撑体系是临时性的，使用后须拆除，工人容易放松。混凝土强度未达拆模条件，拆除过程未全程佩戴安全防护措施，未按规范“先支后拆”，也是事故频发的原因之一。

（八）其他相关风险

搭拆负责人的违章指挥，搭拆人员的违章作业可能导致各类伤害事故发生，主要有高处坠落、物体打击、机械伤害、触电等。

## 四、监理安全履职管理

安全生产管理的监理人员应具有安全管控意识、一定的工程安全技术专业知识、安全生产管理书写能力和安全生产管理沟通协调能力，同时应熟悉国家和地方有关安全生产、劳动保护、环保、消防等方面的法律法规，积极发挥监理的安全生产管控作用，组织、协调参建单位共同完成项目的安全生产目标。

（一）事前管控

1. 专项施工方案

在模板支撑工程施工前，必须完成专项施工方案编制、审查、审核签字、盖章流程。根据《危险性较大的分部分项工程安全管理规定》规定，由施工单位在危大工程施工前组织工程技术人员编制专项施工方案，由施工单位技术负责人审核签字、加盖单位公章，并由总监理工程师审查签字、加盖执业印章方可实施，编制、审核、审查均应符合《住房和城乡建设部办公厅关于印发危险性较大的分部分项工程专项施工方案编制指南的通知》（建办质〔2021〕48号）中“模板支撑系统工程”所涉及的内容。属于高大模板支撑工程的方案，应由施工单位组织召开专家论证会对专项方案进行论证，专项施工方案经论证须修改后通过的，施工单位应当根据论证报告修改，重新履行审核、审查程序；专项方案经论证不通过的，施工单位修改后应按照规定重新组织专家论证，论证前的专项施工方案及论证后的专项施工方案应同时存档。

2. 监理实施细则

根据《危险性较大的分部分项工程安全管理规定》规定，监理单位应当结合危大工程专项施工方案编制监理实施细则。监理实施细则应由专业监理工程师编制，总监理工程师审批。监理实施细则的编制依据应包括监理规划、工程建设标准及工程设计文件、施工组织设计及专项施工方案，因此，模板支撑工程的监理实施细则编制时间应该在模板支撑工程专项施工方案之后。监理实施细则编制的主要内容至少包括专业工程

特点、监理工作流程、监理工作要点、监理工作方法及措施。

3. 材料及构配件

专业监理工程师应检查验收进场的钢管、扣件、可调托撑、钢管支架（盘扣式承插型、碗扣式等），并按照《建设工程监理规范》GB/T 50319—2013 中的“工程材料、构配件、设备报审表”，审查生产许可证、产品质量合格证、质量检验报告及法定单位测试报告。

4. 特种作业人员

模板支架的搭设和拆除的操作人员属于特种作业人员，必须持架子工特种作业证上岗。项目监理机构应审查审核架子工特种作业证的符合性，应在“全国工程质量安全监管信息平台公共服务门户—特种作业人员操作资格信息”中查询真伪，同时要核查特种作业证有效期的符合性。

5. 安全预告单

遵循动态控制，坚持预防为主的原则，积极发挥事前监理的安全作用，在模板支架搭设前，由项目监理机构签发安全预告单，类似于模板工程搭拆安全监理工作交底，明确模板支架搭拆过程应注意的事项，促进施工单位在施工前及施工过程中抓好模板支架安全管理工作。

6. 安全专题会议

项目监理机构组织施工单位、劳务单位有关人员召开模板支架搭设前安全专题会议，统一思想，增强意识，明确模板支架搭设作业流程、设置安全警示标志、方案交底及安全技术交底、项目负责人现场履职、项目专职安全生产管理人员现场监督及施工监测、安全巡视等有关内容，形成会议纪要，签发参会单位。

7. 专项方案交底及安全技术交底

项目监理机构应在模板支架搭设之前，检查施工单位的方案交底及安全技术交底的符合性，即应由模板支架专项施工方案的编制人或项目技术负责人向施工单位现场管理人员进行方案交底；现场管理人员应向作业人员进行安全技术交底，并由双方和项目专职安全生产管理人员共同签字确认。检查情况应在监理（安全）日志中记录，凡是出现交底不到位情况的，应签发监理指令督促责任单位整改。

（二）事中管控

1. 专项巡视检查

项目总监理工程师应安排监理人员巡视检查模板支架搭设，监理人员应巡视检查模板支架搭设与方案及规范符合性，在巡视检查记录表中予以记录，并拍摄巡视部位照片或视频，确保巡视检查的真实性，发现存在安全隐患的，及时签发监理指令，督促责任单位整改。

2. 验收

施工单位、监理单位应当组织相关人员进行模板支架验收。验收合格的，经施工单位技术负责人及总监理工程师签字确认后，方可进入混凝土浇筑工序；经验收不合格的，项目监理机构应签发监理指令督促施工单位整改，经施工单位自检合格后，重新组织验收，直至验收合格。模板支架验收合格后，项目监理机构应督促施工单位在施工现场模板支架搭设位置设置验收标识牌，公示验收时间及责任人员。

3. 整改

在模板支架搭拆过程中，发现存在安全事故隐患的，应当签发监理通知单，要求施工单位整改；情况严重的，应当签发工程暂停令，要求施工单位暂时停止施工，并及时报告建设单位。施工单位拒不整改或者不停止施工时，项目监理机构应及时向有关主管部门报送监理报告。

4. 监理（安全）日志

所有涉及模板支架方面的监理工作内容，均应在监理（安全）日志上予以记录，如方案、监理细则、材料及构配件、特种作业人员、方案及安全技术交底、巡视检查、验收及整改等。

5. 安全生产专题会议

在模板支架搭设过程中，出现搭设与方案、规范偏差大，整改不到位等情形的，项目监理机构组织施工单位有关人员召开模板支架安全生产专题会议，分析问题，商讨解决办法，定人、定时间、定措施落实整改等方面内容，形成会议纪要，签发参会单位。

6. 监理例会

总监理工程师组织召开监理例会，项目监理机构应将模板支架的监理情况进行通报，提出下一步监理工作措施等内容，协调处理模板支架施工过程存在的问题，并在监理例会纪要中如实记录，签发相关单位。

7. 监理（安全）工作月报

总监理工程师组织专业监理工程师编制监理（安全）工作月报，可以将监理的安全工作月报单独编制，将模板支架施工监理的安全管理工作编写进月报中。

（三）事后管控

1. 工程暂停令

一旦发生模板支架坍塌事故，项目总监理工程师应立即签发工程暂停令，并及时报告建设单位。

2. 启动应急预案

项目部一旦发生模板支架坍塌事故，项目监理机构应启动应急预案，应当以人为本，坚持人民至上、生命至上，以保护人民生命安全为原则，积极协助施工单位做好抢救伤员、人员撤离、设置警戒线、防止二次事故发生等方面工作，最大限度减少人员伤亡及经济损失。

3. 组织隐患排查

模板支架坍塌发生事故后，项目监理机构应及时组织施工单位有关人员进行项目隐患排查工作，形成隐患排查记录表，督促施工单位整改。

4. 组织警示教育

模板支架坍塌发生事故后，项目监理机构应组织施工单位、劳务单位有关人员进行警示教育，举一反三，增强员工安全意识。

## 五、创新管理——天目信息化平台

五洲工程顾问集团有限公司根据危大工程监理的安全管理工作流程及典型事故处罚案例，自主研发危大工程管理天目信息化平台。天目平台配置文档标准模板及图例模板、巡视检查操作指引、事故案例视频等，具有流程化、标准化特点，利于项目监理人员开展危大工程监理的安全管理工作，下面简要介绍危大工程之一——模板支架的信息化管控。

（一）危大工程清单识别

项目监理机构根据施工进度，在模板支架预计开始时间前，根据审核合格的专项施工方案，在天目平台上填写模板支架搭设的高度、跨度、施工总荷载、集中线荷载判定条件，平台自动识别属于危大工程还是超危大工程。

（二）危大工程流程化管控

项目监理机构围绕程序检查、搭设环节、拆除环节及公司标准化安全管理的通用流程实施等方面，落实模板支架监理的安全管理工作。

（三）预警报警机制

在模板支架实施的流程上，设置前后关联节点及时间控制节点，出现流程上节点未完成事项，平台会自动预警报警，提醒项目总监理工程师安排处理。

（四）升级管控

将模板支架方案、隐患分级监控列为主要升级管控事项，未在平台约定时间内完成的，自动升级到公司的监控中心，由监控中心实施督办，监督整改完成。

## 结语

随着建筑工程逐渐向“高大难尖特”方面发展，高大支模架工程将会多次出现，唯有夯实监理的安全管理工作，实施流程化、规范化、标准化管理，全面履职监理工作，做到履职尽责，才能使监理尽责免责或减责风险。

参考资料

[1]《建设工程安全生产管理条例》（国务院令第 393 号）
[2]《生产安全事故报告和调查处理条例》（国务院令第 493 号）
[3]《危险性较大的分部分项工程安全管理规定》（住房和城乡建设部令第 37 号）
[4] 住房城乡建设部办公厅关于实施《危险性较大的分部分项工程安全管理规定》有关问题的通知（建办质〔2018〕31 号）
[5]《住房和城乡建设部办公厅关于印发危险性较大的分部分项工程专项施工方案编制指南的通知》（建办质〔2021〕48 号）
[6]《房屋市政工程生产安全重大事故隐患判定标准（2022 版）》
[7]《关于落实建设工程安全生产监理责任的若干意见》（建市〔2006〕248 号）

# 石油化工管道焊接质量的控制措施

刘学礼
山东胜利建设监理股份有限公司

**摘 要：**石油资源是关系到我国经济综合效益的重要能源之一。在石油化工项目建设过程中，需要通过管道焊接来维持石油化工资源的运输。但石油化工的工作环境较为复杂，一旦管道焊接质量不达标便会引发重大安全事故，造成严重的不良影响。基于此，应充分认识石油管道质量管理对石油化工项目的重要意义，针对管道焊接的质量问题，及时采取可行措施予以处理，提升管道焊接的牢固性，确保石油化工管道安全运行。

**关键词：**石油化工管道；焊接技术；焊接质量

## 一、油田管道焊接工艺

（一）半自动焊接技术

在焊接处理油田管道的过程中，工作人员在使用半自动焊接技术时，需要选用合适的焊丝，借助电弧可以直接将钢管以及焊丝熔化，从而达到焊接的目的。半自动焊接技术的应用优势在于具有隔绝空气杂质的功能，操作简单、焊接效率比较高，将其运用在管道焊接上，可以为石油化工运输提供安全保障。

（二）手动向上焊接技术

手动向上焊接技术是目前应用比较广泛的油田管道焊接处理方式，需要完善好根焊操作、热焊操作、填充焊操作、盖帽焊接操作。首先，工作人员在开展根焊操作时，可以使用直拉、往返等方式开展运条操作。其中应用频率更高的是直拉方式，若是油田管道焊接缝隙相对比较大，工作人员需要立刻更换为往返方式进行运条操作。其次，在实施热焊处理的过程中，为了防止焊接位置存在裂纹，焊接人员可以使用热焊工艺，通过加强对焊接处理温度的控制，能够防止在根焊环节出现裂纹，但是，焊接操作人员应该防止焊接速度过快造成边缘融合问题，因此，工作人员在开展热焊操作前应当完善好清根操作。再次，在妥善处理好填充焊操作时，应该注重提升对厚度的控制，为了有效提高焊接处理效果，操作人员应该调整好填充焊运条的摆动情况，加强对焊接层厚度的控制。最后，在对盖帽实施焊接处理的过程中，应该运用摆动式焊接方式，此时，焊接操作人员应该加强对焊道外部的加固工作，不断提升焊接位置的美观性。

（三）低氢焊条向下焊接技术

这种焊接技术适合应用在焊接环境比较恶劣的位置，传统焊接方式可能会受到高温、高寒、腐蚀的影响，造成焊接处理效果不够理想，但是低氢焊条向下焊接技术几乎不会受到客观环境因素干扰，能够在低温条件下展开焊接操作，可以进一步提升焊条的防裂性能以及韧性。这种焊接技术原理主要是在管道焊接位置金属含氢量参数不变的情况下，确定焊条韧性不会受到影响，这种焊接技术相当于根焊操作的升级版本，可以在发挥根焊优势的同时提升焊接尺寸的精准性，有助于提高油田管道的焊接效果。

（四）组合焊接技术

在焊接油田管道的过程中，使用组合焊接工艺即是同时运用多种焊接技术，借助这些焊接技术各自具备的优势，不断提升管道焊接质量。在将热焊技术和根焊技术集成运用的过程中，比单独使用一种焊接技术的焊接效果好。综合运用填充焊接和焊条向上焊接技术，可以在油田管道焊接位置同时展现出两种焊接技术的应用优势，对提升焊接处理质量具有促进作用。

## 二、石油化工管道的焊接工艺要点

（一）石油化工管道底层的焊接工艺

石油化工管道底层的焊接工艺是影响整个管道焊接质量的基础，严格把控好管道底层的焊接工艺，能大幅度增强管道焊接接头的牢固性和耐久性，提高整体管道焊接的质量。从石油化工管道的实际焊接情况来看，管道底层的焊接操作多选用氩弧焊底层焊接工艺，在焊接过程中，操作人员要按照“自下而上”的顺序逐一完成焊接操作，同时借助角磨机加强焊接工艺的标准性，提高坡口的耐久性。

焊接过程中还应重视焊接材料的合理应用，结合管道材质和焊接工艺选择合适的焊接材料，避免材料浪费，以防增加材料成本。同时，需控制好焊接温度和深度，防止焊接材料被焊穿，确保焊缝均匀密实。为了进一步提高管道底层的焊接质量，在实施焊接作业前，操作人员应对焊接材料、管道及焊接工具等进行详细检查，保证各项指标均在合理范围内方可实施焊接操作，规避管道焊接缺陷。使用角磨机对焊缝进行打磨处理时需加强质量控制意识，避免打磨过深，避免氩弧焊底层出现塌陷风险。

（二）石油化工管道中层的焊接工艺

为了增强整个石油化工管道体系的牢固性，保证其能安全运营，焊接操作要循序渐进完成。当结束底层管道的焊接工作后，操作人员需将焊接操作场地清理整洁，并对底层管道的焊接工作进行全面检查，若底层管道的焊接质量不达标则需及时进行修补，确保底层焊接质量达标后方可开展中层焊接工作。

在具体焊接环节，操作人员需将焊接接头控制在合理范围内，以便后续对焊接工艺进行调整。操作人员需充分掌握中层管道的焊接标准，结合现场实际情况选择尺寸合适的焊条，尽可能选用尺寸在 40mm 左右的焊条，同时还要对石油化工的管道管壁厚度进行准确分析，一般将其控制在 10mm 为宜。选定好焊接材料、确定焊接工艺标准后，操作人员要严格依照技术指标依次完成中层管道的焊接工作，在管道焊接收弧部位可适当缩减焊层厚度，辅助使用砂轮机对收弧部位进行打磨，规避接头处夹渣等缺陷问题。对二次起弧的接头位置，操作人员可选择在接头下方 15mm 的位置对拉长电弧进行预热，焊至接头位置时方可拉短电弧，由此形成熔池。在填充焊时，为了避免水平位置发生凹陷，可利用砂轮进行修补工作，保证中层管道焊接呈直线形结构，切实保障石油化工管道的耐久性和安全性。

（三）石油化工管道盖面的焊接工艺

管道盖面的焊接同中层焊接相连，其对焊条的选择要求较高。在充分掌握管道盖面焊接工艺标准的前提下，合理选择焊条能大幅度提高管道盖面的焊接质量，强化管道的功能性。在具体焊接操作过程中，操作人员应保证中层焊缝及焊条起弧、收弧位置的接头呈错开状态，以此提高焊缝表面的平整性，规避焊缝表面的引弧问题。此外，在盖面焊接阶段，操作人员应对盖面的完整性予以重视，结合实际情况对焊缝宽度和坡度进行合理调整，尽可能控制在 2mm 左右，同时操作人员要充分考虑管道盖面的裂纹和气孔等问题。基于此，操作人员应在完成焊接工作后及时清理焊接场地，以防熔渣或焊接材料等飞溅至管道盖面表面，确保管道盖面的焊接质量能达到石油化工项目的焊接标准。

## 三、石油化工管道安装中焊接存在的不足点

（一）缺乏科学专业的焊接规范标准

很多工程团队在进行石油化工管道的安装过程中，沿用了以往工程的指标，导致出现问题；因为以往的使用参数并不一定适合当下的安装情况，不同的石油化工管道，其具备的参数不同，如果使用的焊接工艺操作方法和操作标准不符合具体的实际应用条件，就难以得到质量更高的实体成品。比如在对焊接流程进行评定的时候，没有及时将各项评定细则规范到具体的数值，也没有对具体的评定合格标准进行确定；在选择特定温度的时候，没有注意到环境等外界变量因素的干扰；在更改了设备条件的时候，也没有及时制定新的规范标准；缺乏科学专业的焊接规范标准，将会导致许多质量问题不断出现。

（二）管道材料、焊接材料选择不当

在选择管道材料和焊接材料时，最主要的评判标准不是其性能有多强，而是其是否适合该管道安装工程。通常来说，大多数的石油化工管道不会对管道材料和焊接材料有过多需求，但是如果可以采取更加严谨的态度来挑选合适的材料，就能够规避很多问题。很多工程都在挑选材料时出了小错误，如果没有选择与实际石油化工管道安装流程各方面参数相匹配的材料，一旦材料参数匹

配不当，则会影响后续的各个安装环节。许多工程团队不仅没能结合实际的背景需求，选择恰当的材料，还容易出现超出成本购买材料的情况，导致成本不足或资源浪费的不良后果。在选择并且购买了材料之后，许多团队也没有对材料进行合理的管控，导致管道材料或焊接材料在后续的安装流程中出现不同程度的质量问题，这些或大或小的质量问题都会对整个安装工程的质量控制水准造成负面的影响。

（三）操作人员专业水平不足

由于技术水平和经济成本受限等多方面的因素，石油化工管道安装焊接工作的操作人员并非都是执证上岗的正式专业人士，各方面的技能水平有些不能达到专业的水准。除此之外，个别已经获得证书的焊接工作人员也未必能够准确地完成各项焊接任务，因为在不同的情况下石油化工管道安装焊接工作的实际操作背景都有所差别，这也非常考验焊接操作人员的专业素养与操作经验水准，如果经验不足，则很难应对各种复杂突变的情况，也难以解决焊接问题。一旦出现质量受损问题，容易使整体的石油化工管道安装工作受到阻碍，很多相关管理单位没有对焊接工作人员进行培训和考核，导致许多操作人员依旧沿用错误的操作方案，公司也没能够激起操作人员的热情，使得操作人员不仅专业素养不足，还缺乏必备的工作热情，大大削弱了焊接的质量。

## 四、石油化工管道焊接施工质量控制

（一）焊接施工前准备的控制

1. 焊接前控制。在开始焊接之前，生产部门按照《钢质管道焊接规程》SY/T 4125—2023 等规范的设计要求，对焊接过程进行检查并收集相关信息，包括实际特性，焊接工艺规则及焊接附件需要的完整的资格证书、材料证书和技术文件。焊接附件在使用前必须针对不同制造商的样品和批号进行重新测试，并且只有在获得认证后才能使用。《钢质管道焊接及验收》GB/T 31032—2023 等制度规范了焊接附件的验收。除非电极说明书中另有规定，否则应在使用前进行检测。酸性电极应在 130~180℃下干燥 1~2h。碱性电极应在 350~430℃下干燥 1h，干燥后的电极放入 100~150℃的保温瓶中即可使用。

2. 焊接前工序。确保焊条、焊丝与焊规相符，外观干燥清洁，焊条涂层未剥落。焊接前需要清洗喷嘴，宽度清洗符合设计和焊接要求。如果焊锡传感器需要预热，则必须对喷嘴进行预热，并且预热温度必须符合焊锡传感器的要求（用温度计测量）。

（二）焊接过程质量控制

焊接作业正式启动时，相关工作人员应认真检查焊接质量。事实上，焊接出现问题将直接影响工程质量，造成重大经济损失。因此，对于特定生产过程中的质量控制，重点要考虑以下几点：

1. 焊工技术水平的考核。施工开始前，焊接公司必须进行全面现场检查，焊工必须取得焊工证，这一点是强制要求。当然，为不同的环境和条件选择正确的焊接工艺也很重要。此外，应进行焊工的技术审查，以确保焊工已获得先进的焊接技术，从而能够满足特定的生产要求。对于大型工程项目，需要有大量施工人员，以保证施工进度。

2. 打底根焊的质量控制。燃气管道焊接需要对首次焊接操作进行严格的质量控制。焊接前，必须按照专用设备焊接的要求进行操作。开槽后，一定要清除槽两侧各部位的锈迹，以免影响焊接质量。对于其他情况，只能在特殊预热后进行。在焊接之前必须测试焊缝，以确保焊缝的质量不受影响。此外，出现强风天气时，必须提前设置挡风玻璃，以减少强风对焊接的影响。

3. 热焊、填充焊与盖面焊接的质量控制。在化工管道的焊接、填充焊和热焊过程中，应适当建立界面温度控制，对不同的钢材采用不同的界面温度控制方法。在每一层的焊接过程中，如果满足实际焊接要求，则必须适当保持底焊缝与中间焊缝的距离，不能过大或过小。焊接过程中可能会落下大量的熔渣，因此在焊接前应及时从各层清除焊缝，以满足焊接车间的具体要求。

（三）石油化工管道焊接施工后的质量控制

1. 外观检查。石油化工管道焊接完成后，首先要清理表面的焊渣和熔渣，并在焊件旁边标出焊件的数量，然后检查现场，检查的主要内容包括表面有无气孔、裂纹、夹渣和熔合夹杂物。一般来说，焊缝偏移、焊缝宽度和高度是重要的控制点。

2. 焊后热处理。焊后热处理通常用于降低焊接应力并提高接头性能。热处理可以提高金属的可靠性，降低热影响区的硬度，提高抗裂性，防止后期出现开裂。对于需要热处理的管道，需要严格控制加热参数、均匀冷却温度和自然冷却温度。

3. 无损检测。一般来说，站内所有含硫管道都经过 200 次以上的测试

（100%RT 和 100%UT），RT 测试至少获得 2 级认证，其他管道根据各种要求和因素进行测试。

## 五、石油化工管道焊接质量控制保障措施

（一）加强材料管理力度

在石油化工管道焊接施工中，焊接材料的质量和选用方法直接影响到管道焊接的质量，从而关系到焊接施工是否能够顺利进行。因此，要从现实角度出发，切实强化材料管理力度，充分重视管控焊接材料的品质，采取合适的方法进行材料选购，对焊接材料的质量进行合理分析，不得选购或采用质量不合格的焊接材料。另外，应注意对焊接材料的保管与存放，防止焊接材料随意堆放，并确保其保存方式的合理性，防止由于管理不当造成焊接材料性能降低。

（二）重视焊接质量管理

质量管理人员应对焊接部位进行全方位的检查，核对焊缝余高、宽度、接缝误差等，并将各项测量结果准确地记录在册。不同级别管道的焊接标准要求不尽相同，因此，管理人员要全面理解和把握这些标准，并将其运用到实际操作中。同时，在焊接过程中，质检人员必须采用无损检测方法来检测焊缝的内部质量，要按照有关的检测标准和技术规范开展检查验收工作。认真查看检验的结果和报告，若发现有问题，要立即通知焊接人员进行返修，并对整个过程进行详细的记录，在所有的焊接质量缺陷得到切实的解决后，才能进行焊后热处理和压力实验。

（三）完善质量保证机制

一是加强对焊接人员的教育培训工作，使其树立良好的质量管理意识和施工责任意识，在具体的管道焊接施工中，秉持严格负责的工作态度，有效把控焊接质量；二是加强对焊接设备、焊料存放环境的监测力度，采取有效的预防措施，避免由于天气环境等因素对焊接质量产生不利的影响；三是焊接设备质量性能与管道焊接质量有密切关系，因此，在焊接的同时，应尽量减少因设备故障造成的不良影响，合理运用所使用的设备，提高设备的可靠性，使其焊接的工作效率和质量得到明显提升。

## 结语

管道质量对于石油化工运输稳定性非常重要，相关单位需要重视石油化工管道焊接工作，加强焊接工艺的有效落实，明确管道焊接质量控制要点，做好各方面的协调工作，完善焊接工艺，最大限度保障石油化工管道焊接质量。

参考文献

[1] 何磊，王丹．石油化工工程中工艺管道安装标准及施工风险 [J]. 化工设计通讯，2021，47（11）：9–10.
[2] 谷佳占．浅谈海外石油化工项目管道焊接管理 [J]. 山东化工，2021，50（22）：141–142，145.
[3] 卢磊．石油化工管道焊接工艺与质量管理 [J]. 化工管理，2021（31）：179–180.
[4] 申显明．石油化工工程管道安装存在的问题与对策 [J]. 石油化工建设，2021，43（5）：91–92.
[5] 王博，李彦超，周寇寇．自动焊技术在石油化工管道施工中的应用与发展前景 [J]. 中国石油和化工标准与质量，2021，41（19）：175–176.
[6] 何军祥，郑勇，李鹏．石油化工管道焊接工艺及其焊接质量浅析 [J]. 石油化工建设，2021，43（S2）：193–195.

# 轨道交通高架区间墩身施工监理控制要点

丰乐乐
北京赛瑞斯国际工程咨询有限公司

**摘　要：**本文对天津市轨道交通Z2线一期工程（滨海机场站—北塘站）PPP项目土建06标高架区间墩身施工要点进行梳理，重点叙述了墩身的特点，大体积混凝土及钢筋的施工工艺、养护、质量控制要点，并总结了相关的监理工作经验，以期能为今后同类工程提供参考。
**关键词：**墩身；钢筋；混凝土；施工；监理

## 一、工程概况

天津轨道交通Z2线一期工程土建渤龙湖－春华路站大里程高架段（DK42+327.281–DK42+889.028），线路位于北大街中央绿化带内，桥梁长561.747m，标准梁采用简支预制小箱梁结构（3–25m简支梁、4–30m简支梁、1–31m简支梁），跨越路口的节点桥梁采用大跨连续箱梁（跨新昌路30+40+30、跨春华路62+110+61.247）。

本区间工程场地整体地势相对平坦，拟建场地属海积—冲积滨海平原地貌。拟建线路沿线主要为现状道路、鱼塘、荒地、绿地、企事业单位等。场区内道路两侧以及各路口处存在若干雨污水及燃气等地下管线。

## 二、墩身的特点

渤春区间墩身设计数据如表1所示。墩身承受、分布了由上部桥梁传递的荷载，将上部结构的重量通过墩柱传递到下部的基础上。墩身下建有桩基承台基础，形成完整的传力体系。

渤春区间墩身设计数据表　　表1

| 序号 | 墩号 | 墩高 /m | 墩柱尺寸 /m | | 墩身形式 | 混凝土标号 | 墩顶流水坡 |
|---|---|---|---|---|---|---|---|
| | | | 横桥向 | 顺桥向 | | | |
| 1 | BC14 | 3.0 | 桥台 | | | C50 | 双向 3% |
| 2 | BC15 | 4.5 | 2.6 | 2.0 | 花瓶墩 | C50 | 双向 3% |
| 3 | BC16 | 4.5 | 2.6 | 2.0 | 花瓶墩 | C50 | 双向 3% |
| 4 | BC17 | 5.5 | 3.0 | 2.4 | 汉服独柱墩 | C50 | 双向 3% |
| 5 | BC18 | 6.0 | 3.2 | 2.6 | 汉服独柱墩 | C50 | 双向 3% |
| 6 | BC19 | 6.5 | 3.2 | 2.6 | 汉服独柱墩 | C50 | 双向 3% |
| 7 | BC20 | 8.5 | 3.0 | 2.4 | 汉服独柱墩 | C50 | 双向 3% |
| 8 | BC21 | 9.0 | 2.6 | 2.0 | 花瓶墩 | C50 | 双向 3% |
| 9 | BC22 | 10.0 | 2.6 | 2.0 | 花瓶墩 | C50 | 双向 3% |
| 10 | BC23 | 10.5 | 2.6 | 2.0 | 花瓶墩 | C50 | 双向 3% |
| 11 | BC24 | 11.5 | 2.6 | 2.0 | 花瓶墩 | C50 | 双向 3% |
| 12 | BC25 | 10.0 | 3.0 | 2.4 | 汉服独柱墩 | C50 | 双向 3% |
| 13 | BC26 | 7.0 | 4.4 | 3.6 | 汉服独柱墩 | C50 | 双向 3% |
| 14 | BC27 | 7.0 | 4.4 | 3.6 | 汉服独柱墩 | C50 | 双向 3% |
| 15 | BC28 | 12.3 | 3.0 | 2.4 | 汉服独柱墩 | C50 | 双向 3% |

本区间内墩身形式主要有花瓶墩和汉服独柱墩，花瓶墩用于连续梁主墩，汉服独柱墩用于简支梁墩及连续梁边墩，墩身高度为4.5~12.3m，其中花瓶墩6个，汉服独柱墩8个，区间所有墩型均采用C50混凝土，形式见图1~图3。

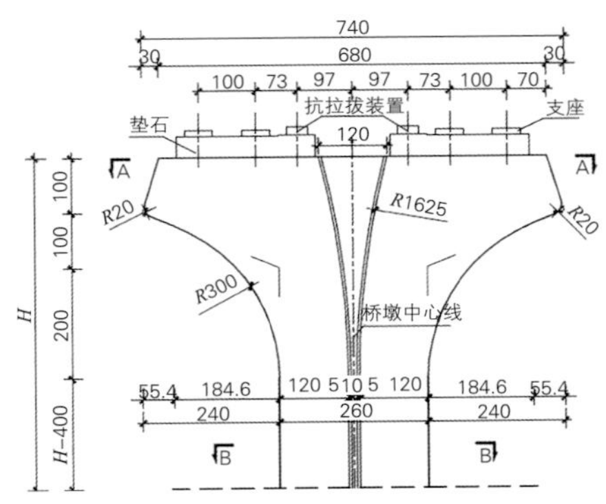
图1 墩柱立面图

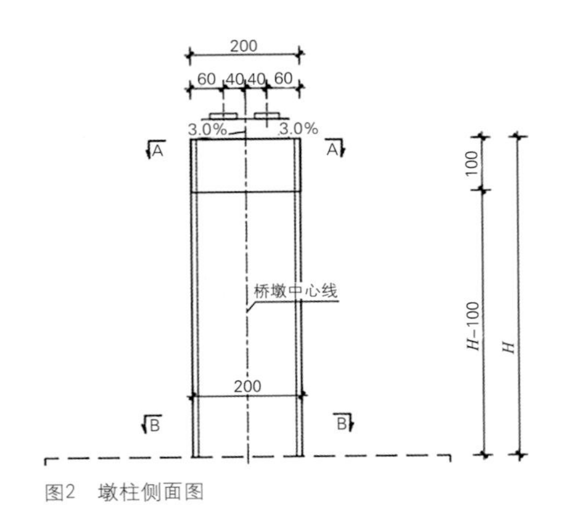
图2 墩柱侧面图

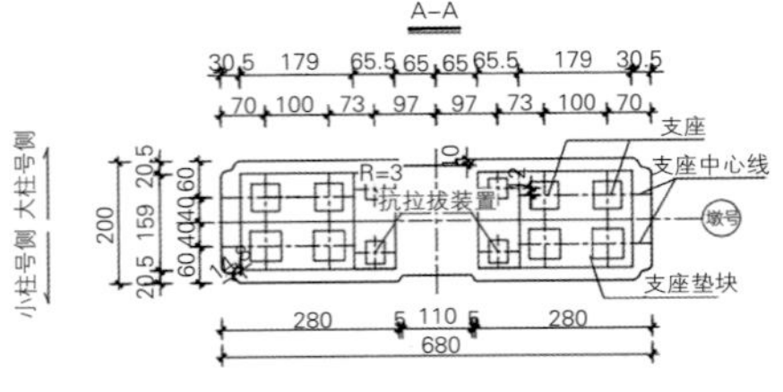
图3 花瓶墩示意图

墩身采用的钢筋为热轧带肋钢筋（HRB400级钢筋、HRB500级钢筋）热轧光圆钢筋（HPB300级钢筋）。

墩身采用定型钢模板，面板厚度为6mm，连接板厚度为12mm，肋板安装10号槽钢，背楞安装20号槽钢，模板连接孔为$\phi22\times26$，孔距面板为56mm，模板连接采用M20螺栓。墩身要求为清水混凝土，设计强度等级为C50。

## 三、施工重难点分析

（一）墩身钢筋绑扎难度高

墩身施工中由于墩身高度在4.5~12.3m范围内，需用外架高空作业，且墩身主筋钢筋与箍筋绑扎较密集，操作起来有一定难度，安装质量难以控制。

（二）承台钢筋预留密度大

墩身预留筋密度较大，且多为双排，承台内部的箍筋比较密集，在承台上部插筋时极其困难。

（三）大体积混凝土控制严

墩身混凝土浇筑方量较大，混凝土浇筑养护中保持内外温差较为困难。

（四）墩身的外观质量要求高

墩身为清水混凝土，对外观质量要求较高。

## 四、施工工艺流程

承台顶面凿毛处理—测量放样—外架搭设—墩身钢筋制作—墩身钢筋绑扎—墩身模板制作、试拼—墩身模板安装—混凝土浇筑—混凝土养护—模板拆除—墩身验收—外架拆除。

## 五、质量控制要点及监理措施

（一）墩身施工前质量控制要点

1. 测量放线审查

墩身施工前，由监理工程师用全站仪复核墩身平面位置，墩身轴线及各条边线控制点。严格检查模板安装控制及钢筋绑扎。钢筋、模板施工完成后，对墩身模板进行平面位置和高程测量复核检查，允许偏差为±10mm。

2. 承台凿毛控制要点

墩身施工前，将承台顶面的水泥砂浆和松动层凿除干净，修整预埋钢筋（图4）。

（1）凿毛的范围为墩身预埋钢筋内侧以及预埋钢筋至模板内侧（保护层范围）。

（2）采用砂轮机将墩身模板内缘进行切割，防止凿毛时破坏外侧承台混凝土顶面。

（3）凿毛时，剔除表面全部浮浆，石子露出1/2~1/3，不能有松散石子。

（4）凿毛处理层混凝土必须达到下列强度：

①用人工凿毛时，须达到2.5MPa；

②用风动机凿毛时，须达到10MPa。

（5）经凿毛处理后的混凝土面应用水冲洗干净，不得有积水。在承台上测定并用墨线弹出墩身的边线以及中线，施工时可以模板边线宽度为准做砂浆找平层，找平层厚度不超过20mm，施工时每间隔2m设标高点，找平层标高的允许偏差不得大于1mm。

图4 凿毛示意图

（二）墩身钢筋施工控制要点

按照现场所放的墩身中线、边线和设计图纸进行墩身钢筋的安装。应预先在承台施工时对伸入承台内的墩柱钢筋进行预埋，绑扎完毕后，应采取必要措施对预埋钢筋位置进行加固，防止在承台混凝土浇筑过程中预埋的钢筋发生移动。钢筋制作安装严格按设计图纸、施工技术规范执行。墩柱钢筋安装完成后再安装垫石钢筋及各种预埋件，垫石钢筋预埋时要精确定位，焊接牢固，且浇筑混凝土过程中要保证预埋钢筋位置不变。

1. 钢筋原材审查

钢筋进场审查出厂质量证明书和试验报告单，并对所有钢筋按比例抽检，抽检合格后使用；对进场的各种规格的钢筋，由试验工程师根据实际情况取原材料试件和焊接接头平行检验，试验合格后方可投入使用。

2. 钢筋加工控制要点

（1）加滚轧直螺纹接头的施工人员必须进行技术培训，经考核合格后方可持证上岗操作。钢筋应先调直再加工，钢筋表面洁净，使用前将表面油渍、漆皮、鳞锈等清除干净。钢筋应平直，无局部弯折，成盘钢筋和弯曲钢筋在制作加工前均应调直。

（2）直螺纹丝头加工要求

竖向主筋采用直螺纹丝头连接。

①按钢筋规格所需调整试棒，调整至滚丝头内孔最小尺寸。

②按钢筋规格更换定位盘，并调整好剥肋直径尺寸。

③调整剥肋挡块及滚轧行程开关位置，保证剥肋及滚轧螺纹的长度。

④装卡钢筋，开动设备进行剥肋及滚压加工。

⑤加工丝头时，应采用水溶性切削液，严禁用机油做切削液或不加切削液加工丝头。

⑥经自检合格的丝头，应由质检员随机抽样进行检验。

⑦检验合格的丝头应加以保护，在其端头加保护帽或用套筒拧紧，按规格分类堆放整齐。

3. 钢筋安装控制要点

（1）连接钢筋时，钢筋规格和套筒的规格必须一致，钢筋和套筒的丝扣应干净、完好无损。滚轧直螺纹接头的连接，应用管钳或工作扳手进行施工，经拧紧后的滚压直螺纹接头应做出标记，允许完整丝扣外露为 1 至 2 扣，用扭力扳手检测力矩值（图 5）。

（2）箍筋安装时从主筋最上面往下套入，到位置后与主筋钢筋绑扎连接，箍筋弯钩采用单面焊接，搭接长度为 $10d$。顶帽钢筋绑扎时，钢筋型号、数量、长度间距严格按照设计图纸绑扎，墩顶与墩身钢筋连接必须牢固，监理人员应检查钢筋安装定位；钢筋的安装定位必须准确，在承台施工预埋墩身钢筋时使用胎具保证墩身钢筋的施工质量。

（三）模板施工控制要点

钢模板参数：面板厚度为 6mm，连接板厚度为 12mm，肋板厚度为 10mm，背楞为 20mm，模板连接孔为 $\phi22\times26$，孔距面板为 56mm。

1. 模板安装前先进行试拼，以检查面板拼缝大小和错台、几何尺寸、面板平整度等是否符合规范要求，经监理人员验收合格后的模板方可投入使用。

2. 用磨光机将模板仔细除锈，做到内模表面通体光亮，且表面无“砂斑”现象，然后涂抹模板漆，要求涂刷均匀，完成后经监理验收方可安装。

3. 模板采用 25t 吊车从下往上吊装安装，墩身模板根据高度决定是否安装调节模板（1m、0.5m），若需同时安装，要先安装 0.5m 模板再安装 1m 模板，最后安装 2m 模板。

4. 安装时应与墩身边缘线对齐，首节模板安装时，用水准仪和水平尺调整好首节模板高度和平整度后继续安装直至完成，经项目自检合格后报监理工程师复核无误，方可进行下一步施工。

5. 模板连接采用 M20 螺栓，配套双垫片，相邻螺栓孔螺栓正反交替安装，所有螺栓孔满装。模板整体线型采用桁架式结构进行加固，通过外部的桁架形成一个封闭的箍圈，从而使自身达到设计刚度，满足施工要求。模板安装完成应进行自检，自检合格后报监理工程师检验，合格后方可进行下道工序。

（四）混凝土施工控制要点

1. 混凝土采用商品混凝土，由混凝土运输罐车运输至施工现场，到达现场后报监理工程师进行坍落度试验检测，合格后用混凝土车泵送入模内。

2. 混凝土浇筑自高处直接倾卸时，自由落体高度不应超过 2m，当超过 2m 时，采用泵管接长和串筒的方式，防止混凝土发生离析现象，并且在出料口下

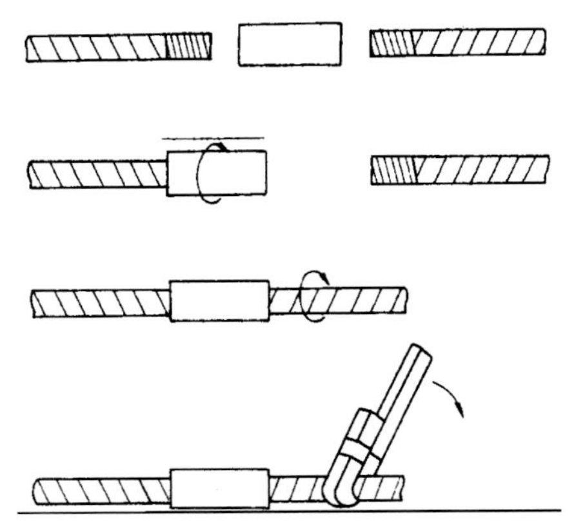

图5　接头连接示意图

混凝土浇筑速度表 表2

| 序号 | 墩身截面尺寸/m | 每米方量/$m^3$ | 浇筑速度/(min/m) | 墩号 |
|---|---|---|---|---|
| 1 | 2.6×2.0 | 5.2 | 30 | BC15、BC16、BC21–BC24 |
| 2 | 3.0×2.4 | 7.2 | 36 | BC17、BC20、BC25、BC28 |
| 3 | 3.2×2.6 | 8.3 | 43 | BC18、BC19 |
| 4 | 4.4×3.6 | 15.8 | 63 | BC26、BC27 |

说明：此浇筑速度表根据泵送速度、振捣时间等因素综合计算。

面，混凝土的堆积高度不宜超过100cm。

3.混凝土浇筑前应对承台表面凿毛处用清水清理干净，并充分湿润，浇水时严格控制水量避免造成积水现象。混凝土浇筑应水平分层进行，其分层厚度控制在30~50cm，根据汽车泵泵送速度控制混凝土输送量（表2）。

振捣混凝土时采用附着式振捣器和插入式振捣棒共同振捣，附着式振捣器安装在模板振动板位置；插入式振捣棒应快插慢拔，振捣棒与模板应保持5~10cm的距离，插入下层混凝土5~10cm，每次使用四根振捣棒，从四个角再到轴线，最后在中心四周一次振捣，每次移动不超过振动器作用半径1.5倍；振捣整体时间控制在10~30s，当混凝土拌合物表面出现泛浆，基本无气泡溢出（图6）。

（五）混凝土拆模及养护控制要点

1.拆模控制要点

拆模条件：混凝土的强度达到2.5MPa以上时，拆除模板。模板拆除时自上而下依次拆除，拆模时不要用力过猛、过急，防止损伤模板和混凝土，拆下来的模板及时整理运走，按规格分类堆放整齐。

2.养护要点

混凝土浇筑完成收浆后尽快覆盖养生，覆盖时不得污染及损坏混凝土表面。墩身覆盖包裹塑料薄膜并用塑料水桶滴水养护。采用直径小于墩身直径的塑料

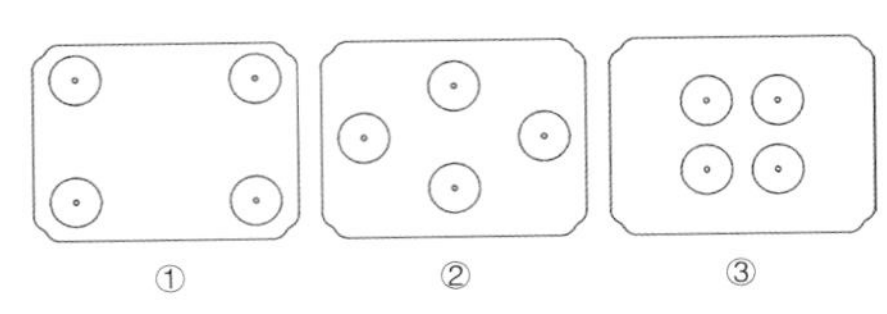

图6 振捣顺序平面布置图

图7 墩身养护图

桶放置于顶面滴水养护保持湿度状态；拆模后用塑料薄膜包裹墩身，继续使用塑料水桶进行滴水养护，养护期不得小于14天（图7）。

## 六、重点环节监理控制措施

（一）事前控制

监理人员应提前熟悉设计图纸以及相关规范、标准。重点熟悉混凝土结构、大体积混凝土相关的规范、图集，组织召开施工方案汇报会，由施工单位对其拟采用的技术方案、进度计划安排进行汇报。由物资部门、安质部、实验室共同协商解决施工中可能出现的工序协调问题、安全措施保证问题、质量保证措施问题等。

由于墩身工程属于高处作业且具有一定的危险性，因此，监理单位要求施工单位必须上报脚手架搭设施工方案及墩身施工方案并审批合格后实施，监理编制相关监理实施细则。在墩身施工前对钢筋图纸进行反复推敲，确定每一种钢筋的摆放及规格尺寸，防止出现施工中不利于安装的情况或造成混凝土保护层不满足设计要求的情况。在施工前应检查施工单位上报特种人员证件，必须持证上岗。

（二）事中控制

1.材料质量控制

原材料应按技术质量要求由专人采购与管理，采购人员和施工人员之间对各种原材料应有交接记录。

原材料进场后，应对原材料的品种、规格、数量以及质量证明书等进行验收核查，并按有关标准的规定取样和复验。经检验合格的原材料方可进场。对于检验不合格的原材料，应按有关规定清除出场。

2.模板质量控制

模板接缝采用先进可靠的技术工艺，确保接缝满足外观质量要求和混凝土耐久性需要。加强模板的维修与保养，拆膜后及时清理、整修、涂刷隔离剂。模板施工前先对钢模板进行打磨除锈、涂抹隔离剂，经监理验收合格后方可进行安装，严格按照承台上的模板控制线进行安装，监理单位检查螺栓拧固情况、模板拼缝质量、模板的几何尺寸、模板

垂直度、预埋防雷接地钢板等，合格后方可进行下道工序。

3. 混凝土浇筑质量控制

施工前对进场混凝土材质单及配合比进行检查、核对，合格后进行坍落度检测，严格按照设计要求对进场混凝土坍落度进行检查。

混凝土入模前，应测定混凝土的温度、坍落度和含气量等工作性能指标；只有拌合物性能符合本技术条件要求的混凝土方可入模灌注。混凝土的灌注应采用分层连续推进的方式进行，不得随意留置施工缝。混凝土的分层厚度控制在30~50cm。灌注竖向结构的混凝土前，底部应先浇入50~100mm厚的C50水泥砂浆。

在炎热季节灌注混凝土时，应避免模板和新浇混凝土直接受阳光照射，保证混凝土入模前模板和钢筋的温度以及附近的局部气温均不超过40℃。应尽可能安排在傍晚避开炎热的白天灌注混凝土。保证混凝土的倾落高度符合施工要求。各工序验收应在施工单位自检合格基础上进行，工序经监理验收合格、签认验收资料后才允许进行下道工序施工。

（三）事后控制

当发现施工的质量缺陷时，应进行记录并签发巡检单或监理通知单，要求施工单位上报处理措施经审核通过后方可实施整改。对于较大的质量问题组织召开专题会议讨论解决，应由施工单位上报技术处理方案并经设计单位认可。处理过程监理人员应进行旁站监督，及时收集、整理施工过程中的各类施工资料，审查其是否与现场实际相符，是否符合相关规范、标准要求，确保施工资料与工程施工的同步性、有效性。同时应注重监理资料的记录、收集，保证施工过程各类信息完整准确的记录，使施工过程具有可追溯性。

## 结语

墩身施工过程中，监理部通过巡视、旁站、平行检验的方式对各道工序进行检查和验收，并对可能影响工期、安全、质量的重点部位提出监理建议，建议对墩身不易施工箍筋的作有效替代，对不能达到原设计中在角部的135°弯钩的设计，采用封闭箍筋形式，连接处采用单面焊接，焊缝长度满足10$d$的原则，并征得设计及建设单位的同意和肯定。通过墩身工程的实施，我们更深入了解到墩身的施工工艺流程及需要注意的问题，验证了施工工艺的可行性、施工准备的可靠性、施工组织的合理性，提供了有价值的技术参数，为以后大规模的施工积累了经验。

参考资料

[1]《铁路混凝土结构耐久性设计规范》TB 10005—2010

[2]《城市轨道交通桥梁工程施工及验收标准》CJJ/T 290—2019

[3]《大体积混凝土施工标准》GB 50496—2018

[4]《组合钢模板技术规范》GB/T 50214—2013

# 浅谈监理企业运用 BIM 技术开展全过程工程咨询服务在医疗建筑中的探索与实践

黄　威　刘尚琛
九江市建设监理有限公司

## 引言

2022 年 3 月 1 日住房和城乡建设部印发《“十四五”住房和城乡建设科技发展规划》。文件提出，科技水平要持续提升；做到绿色建筑和建筑节能技术实现国际并跑，超低能耗建筑和装配式建筑技术及产品取得突破，工程建造技术达到国际先进水平，大型工程装备实现国产化，建筑信息模型（BIM）技术在工程设计、生产和施工领域得到推广应用。

作为监理企业，我们需要探索如何将 BIM 技术融入项目实践中，以提升企业竞争力，为客户提供更高质量的服务。

## 一、项目背景介绍

（一）项目规模

某三级甲等医院新建项目总投资约 4 亿元，规划用地面积约 9480.97m$^2$，总建筑面积为 35300.60m$^2$，其中计容建筑面积 23549.94m$^2$，不计容面积 11750.66m$^2$，由南北两座塔楼组成，北侧塔楼 7 层、南侧塔楼 6 层、地下室 2 层（局部 3 层）。

（二）项目建设模式

项目采用 EPC 工程总承包模式，由施工总承包单位作为 EPC 联合体牵头单位，要求总承包单位提供设计及施工 BIM 技术服务，公司作为本项目全过程工程咨询服务单位，负责对总承包单位提交的 BIM 成果进行审核、督促 BIM 技术实施应用。

（三）项目重难点分析

1. 本项目位于历史文化街区建筑控制地带内，建筑高度受限，对楼层高度要求高。

2. 土层工况差，地下水位高，最深处区域开挖深度达到 16.1m，距周边老旧建筑距离近，易发生过大沉降变形。

3. 场地开挖面积超过 70%，周边多为居民、学校、医院等交通管制路段，场地布置、土方外运、材料采购等受限。

4. EPC 总承包单位对 BIM 重视程度不高，缺乏 BIM 专业技术人员，BIM 应用难度大。

5. 医疗建筑涉及专业众多，如医疗专项、建筑工程等，对 BIM 技术人员要求高。

## 二、BIM 技术应用点分析与实践成效

通过对项目重难点分析，结合现场施工进度安排，公司编制 BIM 实施策划，提前与参建各方明确本项目 BIM 管理目标、应用点及进度安排。为了更好地推进 BIM 实施应用落地，由公司主导完成施工总平面布置管理应用、基坑支护阶段 BIM 管理应用，并对总承包单位主体建筑部分 BIM 应用实施监督管理。

（一）总平面布置 BIM 技术应用

针对场地空间的局限性，经过多方协商讨论，模拟定位场地地形、周边临时建筑、设备设施、材料堆场、加工棚、施工道路及出入口，实行动态管控场地总平面布置，科学高效地计划施工时间并充分利用场地空间。

（二）基坑支护工程 BIM 技术应用

基坑开挖、支护过程中多会与毗邻建筑、市政道路及市政地下管网存在碰撞冲突，尤其在地下土层内，往往会出现不同程度的未知风险，而利用 BIM 三维可视化模型，在破土动工之前，结合施工工艺、施工边界条件、周边环境

等二维图纸资料，协助现场管理人员更为直观地了解各类风险因素并做出处置预案。

结合对本项目现场复杂工况的摸排，在基坑支护选型阶段，公司提出应用BIM技术协助组织基坑支护方案选型专家论证工作，通过BIM技术模拟作业环境，评审专家能够快速熟悉现场环境情况，讨论出最优基坑支护方案，经过两轮方案的论证优化，最终选择采取“排桩＋北侧内支撑＋南侧锚索”的支护形式，在保证质量、安全、进度的前提下，节省造价成本约300万元。同时发现西南角区域锚杆施工与旁边两栋教学楼、办公楼地下基础存在13处碰撞点，随即与设计单位、施工单位针对碰撞点位置进行详细复核，及时采取如桩位偏移、调整入孔角度等有效技术措施，规避实际施工过程中对周边建（构）筑物造成的扰动所带来的施工风险。

（三）BIM技术交底

施工图设计交底和图纸会审意在帮助现场管理人员、作业人员更好地理解设计图纸，完善重难点区域技术措施，保证施工安全及质量。而采用BIM三维交底，能够更为直观地评估技术方案可行性、施工风险、重难点施工部位，辅助现场管理人员及作业班组加深对施工方案的理解，提供沟通交流平台，保证信息传递的准确性。

（四）综合管线BIM技术应用

医院类建筑对楼层净高要求相对较高，而除常规工程暖通、给水排水、电气管线外，还有如净高系统管道、医用气体系统管道、物流传输系统管道等医疗专用管线，管线路由错综复杂。传统机电安装施工时，如存在施工图深化设计不到位、总承包单位协调管理能力差、施工队伍技术水平参差不齐、各专业界面划分不合理等问题，都会给现场施工造成较大困难，导致最终楼层净高达不到要求而造成不必要的返工。

针对上述情况，参建各方共同订立综合管线排布原则，明确层高目标，同时要求EPC总承包单位建立三维模型，处理各专业间碰撞问题，出具主要楼层净高分析图及管道定位平面图以指导现场作业人员使用，大大减少了施工过程返工，缩短了工期。

## 三、不足与反思

BIM技术人员短缺。首先，BIM技术的复杂性和专业性使相关培训教育需要投入大量的时间和资源，导致培养出合格的BIM技术人员十分困难。其次，随着科技的快速发展，无论是在BIM软硬件方面还是在管理理念上的更新换代速度都非常快，这就要求BIM技术人员必须不断学习和提升自己的技能，以适应新的技术和市场需求。此外，尽管BIM技术人员的需求量大，但是市场上的供应量相对较少，价值认可度不高。这可能是由于许多人对BIM技术的认识不足，或者对从事这项工作的前景缺乏信心，因此不愿意投身于这个行业。这种情况也进一步加剧了BIM技术人员的短缺问题。

BIM运维成本高。首先，BIM技术的良好运行需要投入大量的人力和物力，而专业技术人员往往需要具备较高的技术水平和专业知识，包括定期更新模型数据、处理反馈意见以及修复模型错误。这些工作都需要耗费大量的时间和精力，从而增加运维成本。其次，BIM技术的应用需要相应的软硬件设备支持，这些设备设施的采购和维护成本同样不容忽视。

标准不统一，数据传递不畅。现阶段BIM应用较为突出的一个问题在于标准不统一，不同地区、不同项目、不同企业甚至不同软件版本之间BIM技术的使用标准和要求都存在一定差异，造成一定程度上数据交互壁垒。而这些差异会对信息传递和信息理解造成不便，进而影响到实际应用者的体验。

项目参建各方对BIM重视程度不高。由于建设单位对BIM技术的认知不够，往往会在招标阶段，在不增加额外成本的前提下要求提供完整BIM应用成果，大大降低了承包人应用BIM技术的积极性和主动性。对于设计单位而言，传统CAD出图成果的高效便捷性以及图纸审批管理制度的完备性，导致设计单位不愿再投入过大的人力、物力去探索BIM技术正向设计的可行性；对于监理单位而言，在设计方面的专业知识存在明显短板、投入与回报的不平衡，难以站在BIM咨询服务的角度为建设单位提供过多的建筑增值服务；对于施工单位而言，BIM的高成本投入以及额外增加的实施成本，导致对BIM技术全面推行存在较大阻力。

## 结语

在国家政策的推行下，随着BIM技术的普及，我们能够预见到BIM技术将在未来建筑行业发展过程中发挥一定的作用。作为监理企业面对日益严峻的市场竞争环境，应当在转型升级的道路上持续创新、探索、适应新技术，才能创造出更大的价值。

# 监理企业在第三方巡查工作中的实践与体会

陈 奇 曾 皓 肖 波 蒋晓峰
江苏仁合中惠工程咨询有限公司

**摘 要：**在国家政策鼓励发展第三方咨询服务的形势下，许多传统的监理企业已经开始从事新型咨询服务。本文汇总了公司近年来参与各类型第三方巡查工作中的实践与体会，与同行进行交流探讨，希望监理企业在这种新型咨询服务活动中能做得更加完善。

**关键词：**第三方巡查；监理企业

## 引言

党的十八大强调，要加强和创新社会管理，改进政府提供公共服务的方式，在公共服务领域，加大政府购买服务力度，合理地利用社会力量。

2013 年 9 月 26 日，《国务院办公厅关于政府向社会力量购买服务的指导意见》（国办发〔2013〕96 号）文件，从社会购买力量服务的重要性、总体方向、规范秩序及扎实推进四个方面提出了指导性意见，打开了社会企业参与公共服务实践的新大门。

2020 年 1 月 3 日，《政府购买服务管理办法》明确了政府购买服务项目所需资金的来源，规范了政府购买服务合同履行期限的界限，为社会企业承担第三方咨询服务提供了有效的经济保证。

2020 年 9 月 1 日，《住房和城乡建设部办公厅关于开展政府购买监理巡查服务试点的通知》确定了开展政府购买监理巡查服务试点的范围、时间和内容，为探索工程监理企业服务转型及发展指明了方向。

## 一、第三方巡查的组织和架构

1. 监理企业参与的第三方巡查咨询服务，是以合同形式参与到委托人管控范围内的建设领域的咨询服务，可涵盖工程项目的施工安全、消防专项、农民工工资、排污与控制、扬尘与环保、大型施工机械和防疫防控等。对监理企业而言，可以充分利用自身人员的实际工作经验、专业特长和技术优势，为委托人提供专业的各种类型的第三方巡查服务，使委托人全面了解工程项目中存在的各种隐患、风险及问题，以专业水准从客观角度为委托人提供建议或措施，从而杜绝安全隐患，减少安全事故发生，促进社会的和谐与稳定。在多种国家政策和新形势的推动下，公司已陆续与各政府部门签订过多种类型的第三方巡查合同，并在服务过程中积累了较多的实践工作经验。

2. 根据第三方巡查工作的特点，公司任命企业总工程师担任第三方巡查项目经理，专职由 2 名注册安全工程师和 1 名资料专员，组建成第三方巡查“核心组”的架构。“核心组”的主要任务是按合同要求编制巡查方案、制定巡查计划、组织巡查人员、分析整理巡查记录、将巡查成果及时向委托人汇报、总结各类巡查问题并提出改进措施等。在实践中将根据项目情况安排资深总监担任各巡查组的组长，视合同计划抽调经验丰富的相关专业监理工程师作为一线巡查队员，或根据合同要求从社会上聘请其他专家（如食品卫生、大型机械设备等）充实巡查队伍的实力，以确保能形成一支专业性较强、技术水平较高的第三方巡查团队（图 1）。

纸无法考虑周全，很多问题都需要在施工过程中结合实际情况调整。

4. 本工程建成后园区建筑密度达到50%，需对园区内管网进行全面升级改造，道路需全部开挖改造，为保证生产通道，园区改造工作需分步骤、分区域施工，交叉施工较多，园区内场地有限，周转场地不足。

5. 本工程施工区与生产经营区不能完全隔离，改扩建期间必须保证生产、施工两不误，并确保人员安全、环境清洁。

6. 本工程所在公司的生产淡季在2–3月和9–11月，但所在地区11月下旬至次年3月为冬季，不适合室外施工。

综合以上因素，本工程具有工程复杂、施工干涉因素多、单体施工阶段性周期短、工厂延续期长、工程施工组织管理难度大等特点。

## 二、全过程工程咨询的服务模式与内容

本工程的全过程咨询服务模式采用1+2+X模式，“1”指全过程工程项目管理咨询，“2”指承担的专项服务，包括设计、造价咨询，“X”指对改扩建工程所有参建方和监理的管理及其他相关方的协调服务。

项目咨询管理团队由项目经理、土建工程师、安装工程师、造价工程师、安全工程师、资料员组成现场常驻团队。公司后台提供资深顾问团队协助，包括设计团队、造价团队以及全过程咨询、代建、造价、报批报建、项目策划、招标、HSE及BIM资深专业人员，各专业高级工程师等。

全过程工程咨询服务内容包括前期管理（含报批报建、投资控制、采购与招标投标管理）、设计阶段管理、施工阶段管理、竣工阶段管理等。其中，合同管理、造价控制管理、资料管理、质量管理、进度管理等贯穿于各个阶段。具体服务内容如下。

（一）前期管理

建设单位过去10多年没有进行过工程建设，对工程建设前期报建报批、投资预算核算、工程招标投标等工作毫不了解，而一般的项目咨询管理服务人员也做不到样样精通。为此，项目咨询管理团队充分发挥团队作战的特点，充分利用公司后台强大的专业团队，以几十年生产企业、轻工业行业设计、咨询业绩为支撑，为业主提供全面的咨询服务。

报建方面，项目咨询管理单位非本地单位，为此，在项目建设初期，到市区两级规划、建设等部门获取项目报批报建办理流程及所需资料清单，并发挥自身专业与经验优势，全程协助建设单位办理完成项目规划红线图审查、环评、安评、人防、航空净空审核、规划许可证、图纸审查、施工许可证、竣工验收等手续。

投资预算方面，项目咨询管理团队负责项目过程成本预算分解，负责工程项目资金需求计划编制，负责项目投资预算的动态管控，实时监控项目投资偏差。在施工过程中，着重变更、签证的管控，避免出现大额、超预算的变更发生。

招标投标方面，项目咨询管理团队协助建设单位进行招标组织策划，划分招标批次、编制招标文件，协助建设单位进行招标，并负责项目招标清单的审核，帮助建设单位修订工程合同模板。

（二）设计阶段管理

全过程工程咨询团队介入后，发现由于建设单位不了解工程，提出很多设想未被设计院采纳，而设计反馈的设计方案与建设单位的要求存在差异，导致建设单位与设计院因沟通不畅产生矛盾。为此，项目咨询管理团队参与建设单位园区综合能源管网、车间改造的方案和思路讨论，并现场实地查看建筑现状，在讨论中给出了专业的设计建议，协助业主整理园区水、电、气、排水的管网布置情况，收集设计需要的技术资料，并向业主讲解设计院初步设计方案，解答业主的疑惑，加快确认设计方案和初步设计图纸。协助建设单位将设计方案图纸、施工图纸与规划局、建设局、审图公司进行技术沟通，及时将审图意见反馈给设计院，同时给规划局、审图公司做好必要的解释工作，有效推进了项目图纸审查和报建工作。

（三）施工阶段管理

1. 工程进度目标控制

与一般的新建项目相比，生产企业改扩建工程的进度控制更具挑战性和不确定性。一般新建项目能在开工前编制详细可行的施工计划，并为保证进度准备充足的资源，而改扩建工程在开工后经常出现很多隐蔽的、不可预计的问题，需要根据隐蔽面开挖后的情况，制定解决方案，因此，生产企业改扩建工程的进度目标往往在开工后变得很难实现甚至无法实现。这需要项目管理团队在开工前对工程可能存在的问题或不可预见的情况做充足的资源准备和预案，尽可能地减少突发状况对进度的影响；在突发状况发生后，制定对工期影响最小的实施方案。

2. 施工过程交叉管理

生产企业改扩建工程施工涉及多方交叉作业，因施工主体不同，各自的目标不同，在交叉作业期间，各方难以自觉实现相互配合。项目管理团队需要站在全局的高度充分考虑各方的利弊，以公平、无私的态度做好各方的交叉施工协调工作，同时也要发挥项目管理团队的专业性，科学合理地安排施工顺序，避免返工，统筹、规划交叉施工。特别在高资源投入工序（如重大设备占道吊装、路口多管网集中施工等）施工期间，做好各相关方的配合、协调工作，并有计划地增加资源投入和实施赶工计划。

3. 现场安全文明施工管理

因园区内施工场地受限，园区内给水排水、雨污水、强弱电、热力管网等都集中在道路和绿化区域，且不能同时施工，造成道路被反复开挖。道路施工与各单体施工交叉进行，园区内土方外露、道路扬尘问题难以控制，加之生产企业对园区空气质量有较高的要求，在施工期间需严格控制扬尘。本项目单体工程、管网工程施工造成整个施工期间工地频繁出现坑洞，改造拆除工程须防坠落、防砸伤，改扩建工程涉及的高空作业，基础工程的临边防护等，都需要安全措施保障，相对一般新建项目要复杂得多，给现场管理增加了很大难度。

（四）竣工阶段管理

竣工阶段最大的难点在消防验收工作上。因园区实现消防集中监控、消防系统集中控制，而工程施工不同单体施工单位不一样，施工周期不同步，需要各施工单位之间联动配合，且部分先建成的单体工程存在受消防系统进度的影响，在工程完工时不能及时进行消防系统运行验收的情况。

## 三、全过程工程咨询在项目的优势

（一）项目管理与设计的深度融合，降低项目成本

改扩建工程存在原有建筑、管网、装饰装修图纸不全，甚至缺图的现象，在本工程设计时，无法全面考虑现有建筑及管网的隐蔽工程现状，导致设计图纸在实际施工中受到已有工程现状的干涉。传统的工程管理模式下，改扩建工程需要设计单位派出设计师在施工期驻现场设计，大幅增加了设计人员驻现场时间，增加了业主的设计成本支出。或由于工期长，设计人员无法常驻现场，导致施工期因无法按图施工而停工，耽误工程进度。在本项目中，由懂设计的项目管理工程师担任现场管理职责，实现与设计的深度融合，设计师无须驻场，大大降低了项目成本。

（二）专业的策划与组织，确保项目目标实现

生产企业改扩建工程涉及多方面的交叉管理，如生产经营与施工现场交叉管理、单体工程与道路管网交叉施工管理、室外地下多管网交叉施工管理、土建与设备安装工程交叉施工管理等。一方面，生产企业改扩建工程的施工内容多，无法由一家施工单位完成，需要多单位平行发包，协调管理工作量大；另一方面，建设单位（使用单位）缺乏专业的工程管理人员，无法进行全局管控。面对如此复杂的环境，本项目的全过程工程咨询项目管理团队站在项目整体运行的角度，进行全面的组织策划与咨询，既不影响现有的生产经营活动，又确保改扩建部分的施工进度。结合建设单位生产经营、工程施工的工序、施工场地的占用情况等多方面因素综合考虑，编制科学合理的施工平面布置图、全方位的组织策划和总进度控制计划，提前规划施工过程中的重点、难点以及需要协调的问题，在建设单位的支持下，统筹各方资源，确保项目目标实现。

（三）“精前端+强后台”，提高管理效率

生产企业改扩建工程项目涉及项目策划、报批报建、设计管理、招标采购、施工管理、工程验收及相关方管理等全方位的管理；施工阶段涉及土建、钢结构、给水排水、热力、暖通、能源动力设备、生产工艺设备等多专业的技术支撑。面对本项目专业性强、管理难度大的情况，全过程工程咨询充分发挥综合性的优势，通过“精前端+强后台”的管理体系，在项目现场配备多专业且组织能力强的项目管理工程师，负责项目具体实施管理；同时，在公司搭建一个强有力的后台，包含各类专业技术人才保障、职能管控支撑、专家顾问咨询等为项目服务，大幅提升了项目的整体管理水平，提高了项目管理的效率和效益。

## 四、生产企业改扩建工程全过程工程咨询的体会与思考

（一）全过程工程咨询需与客户企业管理制度相结合

随着全过程工程咨询业务的增多，各个项目的特点、所在环境、所在公司的性质等均有差异，全过程工程咨询业务面对不同的客户群体应有不同的管理重点。为提高项目全过程工程咨询服务质量，在筹备新客户新项目初期，应结

合客户企业管理制度、流程，建立项目全过程工程咨询的体系制度、流程。全过程工程咨询站在项目的角度，在客户现有机构基础上，配备与之互补的专业技术管理人才，确保项目全方位可控。

（二）重视全过程工程咨询在工程决策阶段的介入

从本工程实施过程来看，全过程工程咨询在工程决策阶段开始介入，为客户提供了全方位的工程决策分析咨询，在前期充分考虑了项目施工难度、复杂性以及不停产改造等特点的情况下，合理地规避了项目进度管理、投资控制的风险，从而使业主在初期提出的方案设想和进度预期得以实现。

（三）加强 BIM 技术应用，助力管道综合、方案优化

生产企业厂区内涉及的管网有强电、弱电、自来水、消防水、纯净水、雨水、污水、压缩空气、蒸汽、暖气、产品液态输送管、氨管道、酸碱管等，面对管网种类繁多、错综复杂的特性，在设计阶段采取 BIM 三维设计，进行管道综合碰撞检查，将三维实景虚拟展示技术与现场施工管理结合，为管网施工提供最优的规划方案，大幅节约了施工周期，降低了现场施工管理难度，避免了返工。

## 结语

在生产企业改扩建工程实施以全过程项目管理、设计、造价咨询、统筹协调为服务内容的全过程工程咨询，从项目前期决策阶段开始，进行项目前期阶段的报批报建、投资控制、采购与招标投标管理，设计阶段的方案审核及配套管理，施工阶段的组织协调与目标管理，竣工阶段的验收管理等，有利于确保项目目标的实现。本文基于某乳制品生产企业改扩建工程案例，讨论生产企业改扩建工程的全过程工程咨询实践模式和优势等，对生产企业改扩建工程的全过程工程咨询进行总结和思考，希望为其他类似项目提供一些参考。

参考文献

[1] 晋艳，王小峰．EPC 项目全过程工程咨询联合体组织模式及工作机制研究 [J]．建筑经济，2023，44（3）：31–37．

[2] 严玲，张亚琦，汤建东．全过程工程咨询项目的组织结构及其控制体系构建研究 [J]．建筑经济，2021，42（1）：28–34．

[3] 马升军，徐友全，温雪梅，等．全过程工程咨询多方协同演化机制研究 [J]．项目管理技术，2023，21（3）：152–156．

[4] 张健东，乔娟，李双，等．基于财务分析角度的企业多元化经营模式研究：以乳制品行业为例 [J]．中国集体经济，2021（1）：43–46．

# 煤炭监理企业实施项目全过程咨询服务的探索与实践

廉 静 颜晓东 刘 洋
河南兴平工程管理有限公司

**摘　要：**随着建筑行业结构调整改革深化以及国家“放管服”政策的落实，传统的管理模式已经不符合时代发展的需要，业主越来越需要综合的、跨阶段的、一体化的咨询服务，特别是对于一些不具备工程建设专业知识或者人才力量不足的煤炭企业，更加迫切地需要工程项目全过程建设的咨询指导。

**关键词：**概念；服务探索；实施效果

## 一、实施背景

2019 年 1 月 11 日，河北雄安新区管理委员会发布《雄安新区工程建设项目招标投标管理办法（试行）》，文件第二十三条指出，经过依法招标的全过程工程咨询服务的项目，可不再另行组织工程勘察、设计、工程监理等单项咨询业务招标；第四十四条指出，结合建筑信息模型（BIM）、城市信息模型（CIM）等技术应用，逐步推行工程质量保险制度代替工程监理制度。因雄安模式的特殊性，其改革或将预示着未来的发展方向。若采用工程质量保险制度代替监理制度，或者采用全过程咨询时不需要委托监理，那么只承担监理工作的企业其生存空间将进一步缩小，必须采取相应的应对措施才能抵抗经济发展和政策变化所带来的冲击。

但是目前的咨询服务市场并不存在能够提供全过程咨询的企业，监理企业应顺应国家政策和市场调节，积极探寻企业发展的新出路，更好地为业主提供多样化、个性化的服务。

## 二、概念与内涵

住房城乡建设部印发的《关于征求推进全过程工程咨询服务发展的指导意见（征求意见稿）和建设工程咨询服务合同示范文本（征求意见稿）意见的函》（建市监函〔2018〕9 号）文件中，明确了对全过程工程咨询服务的定义：全过程工程咨询是对工程建设项目前期研究和决策，以及工程项目实施和运行（或称运营）的全生命周期提供包含设计和规划在内的涉及组织、管理、经济、技术等有关方面的工程咨询服务。全过程工程咨询服务可采用多种组织方式，为项目决策、实施和运营持续提供局部或整体解决方案。

该定义明确了“全过程工程咨询”是以工程项目的全生命周期为基础，为项目的各个阶段提供关于组织、管理、经济、技术等各方面的咨询服务，是一种对知识和智慧整体化、系统化、集成化的工程咨询服务。全过程工程咨询根据项目的全生命周期可以分为以下六大阶段。

（一）项目前期、决策阶段咨询工作

包含项目前期策划、功能需求分析、经济指标计算分析、价值工程分析、投资方案和投资总额确定，项目建议书和可行性研究报告的编制、报批，办理方案征询、项目报建、土地征用、规划许可有关手续等。

（二）规划及设计阶段咨询工作

制定工程设计质量、进度、经济等指标；组织工程设计大赛、工程设计方案的评审；组织工程勘察设计招标、签订勘察设计合同；组织设计单位优化设计方案、技术经济比选；组织工程初步设计、施工图设计报审工作、图纸会审等。

（三）施工前准备阶段咨询工作

审查施工单位上报的各种方案措施、设备材料采购等投标材料；组织工程项目施工企业及建筑材料、设备、构配件供应商签订合同等。

（四）施工阶段咨询工作

制定工程建设总目标、编制项目实施总体规划；制定工程用款计划，对施工过程中的质量、安全、进度、工程变更、合同等相关资料进行收集整理；控制工程总投资，管理、监督、协调、评估项目各参与方的工作。

（五）竣工验收阶段咨询工作

组织竣工验收、工程竣工结算和工程决算，组织移交竣工档案资料，办理竣工验收备案等相关手续，办理项目移交手续等。

（六）保修及后评估阶段咨询工作

投入使用、运营及工程保修期管理，组织整个项目后评价等。

这六大阶段是完成一个项目所必须经历的过程，既有每个阶段的特殊性、专业性，又具有整体的统一性。在全过程工程咨询中不可片面地只考虑某一阶段的工作，而要从宏观上，站在工程项目全生命周期的角度上看待每一个阶段，将每一个碎片化的工程咨询连成一个有机的整体，为工程项目综合效益最大化提供服务。

## 三、创新咨询服务探索

（一）理念创新

1. 深化对全过程工程咨询的认识

目前我国监理行业的发展具有一定的局限性，想要将监理行业的发展推上一个台阶，首先就要在思维模式和思想认识上有所提升。引入全过程工程咨询的概念可以给各监理行业从业人员指明发展道路及努力方向。监理企业以开展全过程咨询为目标，对企业全员进行培训，将全过程咨询的发展模式根植于每一位管理及现场人员心中。

2. 树立以满足业主多样化需求的服务理念

服务行业以顾客为上帝，而工程咨询行业提供的就是服务。业主是项目实施的总组织者，不同的业主有不同的管理模式和手段，通过不断调整工作侧重点、紧密围绕业主的指导思想来开展工作。同时，在不断地满足与适应业主多样化需求的过程中，摸索并总结成功的管理经验，以期更好地实现项目目标。

3. 工程咨询与工程项目全生命周期紧密结合

项目建设是一个漫长的过程，从项目立项、编制建议计划书、初步设计及招标投标，再到项目的实施及运行阶段，往往需要3~5年或者更久。为达到更好的项目管理效果，公司致力于全过程咨询建设，从项目招标投标、施工过程监管、工程造价咨询等方面实现工程咨询与工程项目全生命周期的紧密结合。

（二）项目管理方法创新

1. 运用全过程工程咨询对工程项目的碎片化内容进行整合，改变工程项目建设和运营的分离状况，充分发挥投资效益，实现项目全生命周期的增值。

通过招标代理及造价咨询等工作，提前熟悉项目工作内容、造价构成及施工方资质、管理能力。在项目施工阶段，通过前期的沟通与磨合，更快地与业主单位、施工单位建立有利于工程项目施工建设的管理，进一步统一步调更好地对项目进行管控。

2. 全过程咨询与BIM技术结合。BIM技术辅助精细化管理有利于工程咨询公司对项目的全生命周期进行信息收集和管控。

BIM技术的模拟性与可视化让项目在未建之时就具象化，让参与项目建设的各方能够提前规划，并制定针对项目建设的可操作性方案。同时，通过提前了解，可以进一步地对设计及施工方案进行优化，为施工管理提供了极大的便捷和直观感受。BIM能够实现一种实体化的多维度模型，能够加强各施工专业多方面的协调工作，架起合作与交流的桥梁。通过BIM技术的运用，更好地实现全过程咨询的管控。

3. 全过程咨询与痕迹化管理相结合。在各种管理工作过程中，从时间和管理内容方面，留下缜密的工作记录，在项目建设过程中可以通过痕迹化管理查证保留下来的文字、图片、实物、电子档案等资料，有效复原已经发生的生产经营活动。企业通过线下及线上的痕迹化管理首先增强员工对于各项工作的执行力，并对工作进展进行跟踪检查和督办。其次可以突显员工对工作的责任心，为提高管理留下可供考察的依据。也可以在关键时候有“用武之地”，甚至是界定责任和实施问责、追责时的有力物证，它可能是免责和追责的“挡箭牌”，还可以作为保护自身的“法宝”。

## 四、全过程咨询服务的实施

（一）优化企业组织结构与人员配备

在新的经济发展态势以及新的建筑市场环境下，当前市场更讲究高度集成化与一体化，全过程咨询服务势必延伸至工程建设领域，而且该种模式更有利于建筑市场的规范化管理以及减轻业主招标投标的工作量。在工程咨询项目招标时，组织结构清晰、业务覆盖面广、技术过硬的企业势必占据优势，业主单位可以通过一次招标就能完成投资咨询、设计咨询、施工咨询等多项工作任务。因此，监理企业需要根据新形势下的市场需求，对企业内部的组织分工、部门划分进行科学设置，明确各部门、组织的管理职责，建立一个能适应项目变化且灵活的项目管理组织机构。

企业要发展，战略是关键，管理是基础，人才是核心，监理企业除了构建合理的组织结构外，更需要适合企业的创新型及专业型人才。我国的监理行业起步较晚，监理从业人员管理及经验方面的标准较少，无法快速适应当前高速发展的市场环境，无法满足业主的新需求。人才是企业发展的核心要素，唯有充分发挥人才的作用才能使企业的价值最大化。因此在企业组织结构优化完成后，监理企业更应根据经济市场及建筑行业的新形势，采用人才引进、人才招聘、人才培养等多种方式来满足企业发展需求。监理企业应从自身的业务特点和企业规模出发，加强组织、管理、法律、经济及技术的理论知识培训，培养一批符合全过程工程咨询服务需求的具有项目前期研究、工程设计、工程施工和工程管理能力的综合型、专业型人才。为开展全过程工程咨询业务提供人才支撑，以适应监理企业的转型需要。

（二）探索与建立企业全过程工程咨询的管理体系

建设工程项目全过程咨询模式处于起步阶段，政府及市场各方面相关法规及管理制度尚未建立完善。在当前环境下，工程管理企业应发挥自身的主观能动作用，企业是市场的一部分同时也兼具着补充并完善市场的作用，主动地开拓市场，引导业主提出需求。

工程管理企业在进行全过程工程咨询管理体系建设的探索时，鼓励企业与国际著名的工程顾问公司开展多种形式的合作，通过合作与交流拓展视野，提高业务水平，学习先进管理经验。同时，也应在学习的过程中探索、执行、检查、改进，逐渐形成符合我国国情、适应我国建筑市场、具备企业特色的全过程工程咨询管理服务体系。在与国际公司合作期间提升企业在国际工程咨询服务行业的竞争力，扩大我国工程咨询企业在国际上的知名度，为企业积极参与国际竞争开拓更广阔的市场铺筑道路。

工程管理企业要通过不断建立和完善自身的技术标准、管理标准、质量管理体系、职业健康安全和环境管理体系，通过工程咨询服务的实践经验，建立具有自身特色的全过程工程咨询服务管理体系及服务标准。应充分开发和利用包括 BIM、大数据、物联网等在内的信息技术和信息资源，努力提高信息化管理与应用水平，为开展全过程工程咨询业务提供保障。

（三）联合经营、并购重组

以美国为代表的国家通常是将设计、工程管理统一交由一个大的组织机构提供全过程的工程咨询服务；而在欧洲特别是以德国为代表的一些国家，业主是和提供设计类服务和工程项目控制与管理类服务的公司联合体签约或和提供这两类服务的公司分别签约。

全过程工程咨询可采用多种咨询方式组合，为项目决策、实施和运营持续提供局部或整体解决方案以及管理服务。全过程服务是总体服务功能，但并不是要求每一家企业都做到“大而全”“小而全”的全过程功能服务。

对于大型骨干企业可以组成集咨询、规划、勘察、设计、研发、设备采购、项目管理、施工管理、建设监理、验收、后评价等诸多功能于一体的大集团型工程公司，提供工程建设项目全过程各个阶段的技术性、管理性服务；而一般的中小型工程企业可以根据自身的条件和能力，为工程建设全过程中的几个阶段或某一阶段提供不同层面的技术性或管理性服务。如此便可从不同的层次为工程建设提供全过程、多功能、全方位、多层次、范围广、宽领域的工程咨询服务体系。企业可通过拓展自身经营范围或与勘察设计咨询单位、招标投标单位、造价咨询单位、项目管理单位等进行战略合作或者进行并购重组，以实现对工程项目的全过程咨询活动。

（四）全过程咨询过程中应用 BIM 技术

BIM 技术是以三维数字模型技术为基础，集成建筑工程项目各种相关信息的工程数据模型，是对该工程项目相关信息的详尽表达。建筑信息模型同时又是一种应用于设计、建造、管理的数字化方法，这种方法支持建筑工程的集成管理环境，可以提前预演工程建设，提前发现问题并解决，可显著提高工作效率并减少风险。在工程全过程咨询过程中，BIM 技术主要运用在以下几个方面：

1. BIM 技术运用于项目前期、决策阶段咨询工作。将 BIM 实施方案与财务分析工具相结合，修改相应参数，实时获得项目方案的各投资收益指标，为业主方投资决策提供参考依据。

2. BIM技术运用于规划及设计阶段咨询工作。根据业主要求，采用BIM技术，进行工程项目规划设计，并根据BIM进行自动化计算测量，制定工程设计质量、进度、经济等指标。

3. BIM技术运用于施工前准备阶段咨询工作。在工程项目开工之前，提前预演工程建设，自动计算设计错漏处，提前发现问题，及时解决。

4. BIM技术运用于施工阶段咨询工作。采用BIM技术进行工程成本、进度、材料、设备等多维信息管理及流程优化，从而在保证工程质量的前提下节约工程成本，加快施工进度。

5. BIM技术运用于竣工验收阶段咨询工作。采用BIM进行竣工成本控制与审核。

6. BIM技术运用于保修及后评估阶段咨询工作。采用BIM将工程项目信息进行归档，有利于对工程项目实施后评价，有利于借鉴工程建设经验以及在工程运营期间进行信息的管理、修改、查询、调用工作。

（五）传统造价咨询升级为全过程造价咨询

工程建设项目全过程造价咨询贯穿了工程建设项目从方案设计直至工程竣工的整个过程，为了便于沟通及理解，行业内通常又将全过程服务的内容分为四个阶段：设计阶段、招标投标阶段、施工阶段和竣工结算阶段的造价咨询服务。传统的国内造价咨询的重点一般在于招标时编制招标清单及标底和结算时审核结算文件这类纯技能性的工作，也就是说四个阶段中有两个阶段的专业服务和管理工作是有严重缺漏的。而全过程造价咨询则截然不同，其核心内涵在于从工程估算阶段开始的“管理”。

## 五、全过程咨询服务实施效果

（一）组织结构得到优化

通过推行全过程咨询业务，根据业务需要重新优化内部组织，项目部由原来“吃大锅饭”的传统经营模式变成独立核算单位，自主经营、自负盈亏，优化了企业组织结构，有效确保了企业经营指标的完成，实现了企业的可持续发展。

（二）人员结构得到强化

全过程咨询业务的推广为企业培养了国家注册建造师、监理工程师、造价工程师以及BIM应用技能建模等一大批懂技术、善沟通、一专多能的优秀人才。通过开展外部业务，企业从事矿山项目的监理人员比例由80%转变为约20%，人员结构由原来矿建主体结构转变为适应多专业并重、多资质并存的一岗多能型结构，增强了企业的核心竞争力。

（三）市场开拓取得进步

企业综合实力得到有效提升，开拓了全新的业务范围，客户结构得到进一步优化，增加了企业市场份额，从市场经营发展方面实现了企业的可持续发展。

## 结语

全过程工程咨询服务新型管理模式，通过社会化的专业机构从建设工程项目立项就开始进行连续可控的精确化管理，为建设方提供一体化的解决方案，有利于降低建设成本，规避各类风险，实现项目投资价值的最大化，对提高建设工程项目决策、设计、招标投标、施工和竣工验收各阶段的管理效率具有显著的促进作用。

参考文献

[1] 邵文帅，陈慧洁.BIM技术在全过程工程咨询中的应用研究[J].四川建材，2022，48（7）：218–219.
[2] 姚陈承．建筑工程全过程咨询服务优化研究[J].房地产世界，2022（2）：146–148.

# 医院项目代建管理工作浅析

杨外高　陈爱珠
湖南长顺项目管理有限公司

**摘　要：**本文在分析代建制的基本概念和医院项目代建管理特点的基础上，阐述了医院项目代建前期工作、招标采购与合同管理、勘察设计咨询管理、施工管理、实体移交管理和后续服务6项代建管理的工作内容，提出了优化管理及解决问题的建议。

**关键词：**代建管理；医院项目；优化管理

## 引言

代建制是现代建筑工程管理的一种方式，主要运用于政府投资项目。近年来，随着我国城市规模的扩大和经济的进一步发展，人民对就医、治疗方面需求大幅增长，医院项目逐年增加，代建在医院项目的管理中越来越重要。医院项目建设规模大、功能复杂、专业性强、项目管理难度大，为充分发挥政府投资项目效益，代建项目管理团队作为项目的“大管家”，需统筹协调各参与单位，确保项目目标的实现。

“代建制”的概念最早是2004年7月在《国务院关于投资体制改革的决定》（国发〔2004〕20号）文件中提出，对非经营性政府投资项目加快推行“代建制”，即通过招标等方式，选择专业化的项目管理单位负责建设实施，严格控制项目投资、质量和工期，竣工验收后移交给使用单位；是增强投资风险意识，建立和完善政府投资项目的风险管理机制。

湖南省的代建制源于2009年9月湖南省人民政府办公厅印发《湖南省政府投资项目代建制管理办法》，提出实行政府投资代建制的项目，可以采用全程代建或者阶段代建的方式。全过程代建是指项目立项、可研批复之后，开始至项目实施完毕（含初步设计及概算编制的管理工作），并包含竣工验收、资产移交、项目决算等，对项目进行全过程的代建管理。阶段性代建是指项目初步设计（含概算）批复之后，开始至项目实施完毕，以及竣工验收、资产移交、项目决算等，并对项目进行阶段性代建管理。

## 一、医院项目代建管理的特点

（一）代建管理综合性强

医院项目建设规模大、建设目标要求高、功能复杂、专业性强，代建管理人员的专业技术和管理能力面临极大的挑战。一方面，需要熟悉医疗设备、医疗专项系统、医疗设备用房的特殊功能，在建设过程中确保使用功能实现；另一方面，需要熟悉报建流程，具备招标投标管理、设计管理能力，具有强大的组织协调能力。因此，在医院项目代建管理中，需配备综合性强的管理人员才能确保项目目标实现。

（二）代建超概责任重

概算管理是代建管理的核心环节之一，也是政府投资管理实践中的难题。医院项目大多为EPC模式，初步设计完成、概算批复之后，依据模拟清单进行EPC招标。在现实中往往因初步设计深度不够和后期使用功能调整等，导致施工图设计变更较多，最终导致工程结算超过批复的初步设计概算。依据湖南省发展改革委相关文件要求，代建单位有概算控制的主体责任，如因代建单位管理原因造成超概的，明确超概部分的资金，由代建单位全额赔偿。因此，代建单位应严格控制项目成本，严防超概风险。

## 二、医院项目代建管理工作内容

代建的工作内容可简要分为项目代建前期管理、招标采购与合同管理、勘察设计管理、项目投资管理、施工管理，以及实体移交管理和后续服务6个部分。

（一）前期管理

代建项目前期工作主要包括代建合同签订、代建管理团队进场和用地规划许可办理、工程建设许可办理、施工许可办理等项目报建工作。关键要建立完善各项管理的工作制度，落实项目经理责任制，依法依规高效推动前期工作，促进项目按时开工。

1. 代建管理的内容比较繁杂，涉及面较广，医院建设又具有专业性强、功能复杂等特点，因此，代建前期重点工作之一是要组建一支成熟、专业、稳定的管理团队，建立健全人员管理职责和工作制度。一般来说医院建设项目都被政府列为社会事业重点项目，代建工程是否顺利对医院和社会影响巨大，代建人的履约能力是代建工程顺利的基础和保障。

2. 应综合医院项目计划管控的专业特点，编制总体网络控制计划，明确关键线路，确定各个阶段工期控制点，同时将总计划分解成年、月、周、日作业计划，做好全周期进度管理。召开计划协调会，形成常态化例会制度，有考核，有纠偏。

3. 应做好现场环境条件核查。代建单位首次进入现场后应组织对现场环境条件进行核查。其基本内容有：国土证、红线图范围与拟建场地范围是否一致；用地性质是否与拟建工程一致；现状地形图、规划依据图等位置、标高是否与实际情况一致；可能影响该工程设计及施工的周边建（构）筑物及深坑情况；周边是否有污染源、放射源、易燃易爆物品仓库、油站等；拟建场地范围内地上及地下管线情况及其权属单位调查；现状道路、燃气、供水系统、排水系统、供电系统、弱电系统等接入情况；拟建场地是否有航空限高、文物保护范围及限高等；拟建场地是否处于雷电、地震、地质灾害区域；是否位于洪水区域等，调查内容越详细越好，这样有利于代建单位从总体大局上对医院建设进行综合管控，尽量减少后期的不利影响。

（二）招标采购与合同管理

招标采购与合同管理是指代建单位根据项目的具体情况，按照国家和省招标投标、政府采购、合同管理等方面的法规政策，择优选择招标代理、咨询、勘察、设计、施工（含总承包）、监理、造价、设备供应等相关单位，依法依规签订和履行各类合同，确保代建目标实现的管理工作。

1. 要保证招标投标、政府采购等过程规范合法，通过有效合同管理充分保障使用单位和代建单位的合法权益，注重招标采购和合同履行时效控制。

2. 对需要招标的单位提前进行总体部署，确保各单位之间能有效衔接，医疗专业工程（如手术室、供应室、医用气体等）可提前招标，提前进行图纸问题清理，深化施工图纸，明确范围界限，有助于后期工作的开展。深化过程需要各参建单位协调医院方进行相关图纸深化确认工作。

3. 在招标过程中对材料设备进行控制非常重要。由于政府投资项目在招标时多采用合理低价中标，施工单位也多采用低价中标的策略，而评标时对于是否低于成本价没有具体可操作的标准，导致有些工程中标价过低，施工企业常常在材料中做文章。所以在招标时医院方可对主要材料设备明确品牌范围和规格，并由代建单位招标时写入清单项目特征描述。品牌范围一般不少于三个同等品质的品牌，由投标者在投标时自行报价并选定参考品牌中的一种，这样有利于保证造价控制和工程质量。

4. 择优选取承包单位并选择合理的发包方式。由于医院项目专业性强、内容复杂、招标采购内容较多，因此，在招标采购过程中一定要择优选取承包单位，并确定好合理的发包方式。医院项目一般专业分包队伍多，后期装饰以及设备安装阶段管理难度较大，不管是总包、分包，还是设计、监理、检测等单位，一旦选择不当，将会对医院建设工期、费用、质量、安全等造成不可估量的影响。

（三）勘察设计管理

勘察设计管理是指确定勘察设计单位后，督促勘察设计单位依据合同及相关规范、技术标准，查明、分析建设用地的地质条件，分析、论证工程的技术条件，按时提交符合质量要求的工程勘察设计咨询文件，为项目建设全过程提供技术支持和咨询服务。

1. 严格按照使用单位的功能需求和代建目标要求，准确把握场地条件，优化设计方案，防止出现基础数据不准、缺项、漏项等情况，最大限度防止后期出现重大变更。在设计阶段作调研时，一般由各科室主任确认平面功能，但对平面布置和设计意图等抽象概念还不了解，直至工程进入装饰阶段，医务人员才发现布局有问题，如该设的插座未设，该布置的洗手盆未布置。装饰阶段往往装了又拆，拆了又装，造成大量返工，对投资和进度造成很大影响。因此，设计阶段要做好整体规划布局，方案定好以后要尽量不动或者少动。

2. 医院建设除了常规的建安施工外，还包括有较多的特殊科室和医疗专项施工内容，如手术室、供应中心、放射科、检验科、医用净化系统、医用气体系统、医用纯水系统、物流传输系统、高压氧舱、污水处理系统、辐射防护工程、实验室工艺系统等，这些特殊科室和医疗专项工程专业技术高，对后期医院的医疗流程是否顺畅影响巨大。所以这些专项设计必须找专业的公司在设计阶段提前介入，在出施工图之前把机房、管道位置提前预留到位，医疗流程须经临床、院感审核通过。

3. 应重视医院建筑的防火设计。医院属于人员密集型场所，一旦发生火灾，行动不便的患者在疏散与自救上会面临很大的困难，且部分医疗物资属于易燃易爆物，遇到明火极易成为大火蔓延的“催化剂”。医院的特殊性决定了消防安全不容有失，杜绝侥幸心理，牢固树立危机意识，扎实营造良好的安全环境。

（四）项目投资管理

项目投资管理是指在整个代建周期内，按照政府决策的投资规模，严格控制项目资金使用，通过估算控制概算、概算控制预算、预算控制结算和决算，确保项目最终投资不超经批准的投资概算。主要包括投资估算、初步设计概算、施工图预算、工程结算及财务决算等阶段的管理工作。

1. 严格执行国家、省有关概算、预算管理要求，确保概算不突破估算、预算不突破概算。

2. 设计工作是控制工程造价最重要的环节，在这一环节中，由于出发点不一样，代建单位和院方的关注重点也不一样；代建单位往往更加关注设计的“经济性”，即控制造价，而医院作为使用单位，往往更加关注“功能性”，即满足使用要求。因此，在实际代建工程设计管理过程中，容易造成矛盾，在后期施工过程中很容易出现返工现象。因此，在设计阶段应引入“限额设计、标准设计”的思想。

3. 代建项目部应严格做好变更事项的投资控制。对任何变更均进行造价测算，组织论证。需要增加投资的，首先应与合同价进行对比分析，在合同价内进行优化平衡，确保合同价不超过相应预算。确需突破合同价的，在工程预算内进行优化平衡；确需突破预算的，应与投资概算进行对比分析，在总概算内进行优化平衡，并按有关要求报负责项目预算评审同意。单位建设内容投资与概算相比调整较大的，或因不可抗力等客观原因，确需突破投资概算的，应及时报告委托人，委托人内部决策同意后提请投资主管部门处理。

4. 代建人应对照施工合同和施工实际进度，做好工程费用的支出审核和资金拨付申请，按相关规定和合同约定及时审核工程价款付款申请。

5. 代建人应按施工合同要求，根据合同设定的工程节点做好施工过程结算，并按施工合同要求，做好过程结算款的审批和支付。

（五）施工管理

施工管理是指从施工准备阶段开始至完成竣工验收备案期间的代建管理工作。主要包括：质量管理、进度管理、安全管理、环境保护、职业健康管理、信息管理、廉洁守法等内容。

1. 根据代建合同、施工合同和监理合同履行建设单位主体责任，对施工单位和监理单位进行日常监管，加强风险防范，确保工程质量合格、投资可控，代建单位无安全责任事故，按期通过竣工验收。

2. 根据工期节点要求，督促施工单位编制施工进度计划，明确各专业分包进场及施工时间，对所有影响工程推进的分包单位进行计划纠偏。

3. 医疗专业队伍施工对总体进度影响巨大。根据以往同类医院工程的管理经验，代建单位应统筹各医疗专业单位的进场时间，并协调各专业单位的交叉配合，要求各专业单位做好设备的预留预埋。

4. 代建单位应当履行代建合同约定的代建人责任和义务，对各专业单位的质量安全管理、环境保护、职业健康工作进行指导、检查和监督，责成各专业工作单位做好项目现场的社会治安、环境保护、职业健康工作。

5. 自行或督促监理人按照质量管理制度进行质量检查并组织期中验收。

6. 督促项目各参建方遵守公共秩序，处理好与工地周边民众的关系。

（六）实体移交管理和后续服务

实体移交管理和后续服务是指代建单位按照合同进行实体移交、档案移交及配合决算办理，根据需要办理不动产权证书，做好缺陷责任期和保修期的管理与服务。

1. 要善始善终全面完成代建工作，及时高效做好项目部人员撤出后有关服务工作。

2. 根据医院的复杂性和特殊性，代建单位应积极组织沟通和协调，确保在总价不超概算的前提下，积极配合业主提供技术支持满足使用方的需求。另外，使用方应提前介入，确定使用方运营负责人，完善相关手续，提前策划，分区域组织初验工作，为顺利竣工及快速移交打好基础。

3. 代建单位应事前了解当地各行政主管部门竣工验收的有关规定。外架拆除前，项目经理组织项目管理工程师、报建员、资料员编制竣工验收计划，组织各参建单位按计划推进竣工验收各项工作，计划应明确各项工作的责任单位、责任人、开始时间、完成时间。

4. 项目竣工验收原则上应在各专项验收完成后进行。在取得当地建设行政主管部门同意的前提下，个别专项验收未完成也可以组织竣工验收，但消防验收必须完成。竣工验收内容应包括白蚁防治、门牌办理、节能验收、消防验收、电梯验收、档案初验、人防验收、房产测绘、规划测量、国土竣工测量、国土验收、规划验收、环保验收、竣工验收备案、竣工档案资料移交、产权办理等内容。

## 结语

由于受传统自建管理模式的影响，医院使用方部分管理人员往往会出现越位管理的现象。使用方、施工方、监理方等参建单位对代建管理模式不熟悉，对代建的管理职权不了解，在工作中往往导致代建团队处于被动地位。因此，在工作开展过程中，一方面，代建团队不仅自身要熟练掌握各种流程以及明确代建职权，提高自身管理能力，加强综合管理水平，还要加强对外沟通和协调，得到委托单位的大力支持以及各参与单位的认可；另一方面，代建单位需要全面实现管理目标，做到经济、财务、管理等各项目标的同步达成，突出代建管理的优势和特色，加强代建管理模式的正面宣传。

### 参考文献与资料

[1]《国务院关于投资体制改革的决定》（国发〔2004〕20号）

[2] 湖南省人民政府《湖南省政府投资项目代建制管理办法》

[3] 杨中保，蒋慧杰，王元鹜．政府投资项目企业代建模式费率研究：以深圳市为例[J]．项目管理技术，2020，18（7）：44–49．

[4] 杜静，戚菲菲．工程质量潜在缺陷保险的国外经验与国内探索[J]．工程管理学报，2020，34（2）：6–10．

[5] 廖鸣秋．政府投资项目代建制管理存在的问题及应对策略研究[J]．建设监理，2020（9）：5–8．

[6] 蓝万明．政府投资工程项目代建单位激励办法研究[D]．南宁：广西大学，2018．

[7] 肖梃．关于完善代建制和加快代建服务业市场培育的思考[J]．中国工程咨询，2018（8）：66–70．

[8] 钱杰，裘黎明，郎笑笑，等．我国政府投资项目代建制实施现状与发展研究[J]．浙江建筑，2022（5）：73–76．

# 监理企业开展项目管理服务的优势和探索

崔健永
北京铁城建设监理有限责任公司

**摘　要：**监理企业开展项目管理具有很大的基础优势，项目管理工作是监理工作的延伸，监理企业比其他企业更具备项目管理经验。沿海某项目，地下2层，地上8层，总建筑面积42900m²，拟建一栋商务综合办公楼，总投资6.68亿元。本文根据该项目的实践经验，深度剖析监理企业开展项目管理服务的优缺点，并对如何做好项目管理进行探讨。

**关键词：**监理企业；项目管理；优势；探索

## 前言

建设工程项目管理，即运用系统的理论和方法，对建设工程项目进行的计划、组织、指挥、协调和控制等专业活动。想做好项目管理工作，就必须从人员、技术、管理、协调等各方面做好组织工作，下面通过某项目的实际管理过程进行分析。

## 一、项目管理和工程监理的关系

项目管理和工程监理在某些方面作用相同，都是接受业主委托，在施工阶段，对施工过程的质量进行严格监管。但是，项目管理和工程监理在监管范围方面又有很大不同，项目管理工作从项目决策阶段就开始介入，涉及勘察设计阶段管理、项目前期招标投标阶段管理、施工阶段管理、竣工验收备案阶段管理、缺陷责任期管理；而工程监理主要是对工程施工过程进行监督、管理，可以说项目管理工作是工程监理工作的前伸、后延，涵盖了整个监理过程。

在同一项目上，由于项目管理工作和监理工作存在较长时间的相同作用，奠定了监理企业开展项目管理工作的优势，其优势主要表现在以下几个方面。

（一）在进度管理方面

监理企业和项目管理都具有项目进度控制功能，只是范围不同。在施工监理工作中，审核施工组织设计是监理工作的重中之重，而施工进度计划又是施工组织设计必不可少的一部分。总进度计划，年度、月度进度计划以及周进度计划都是监理工作审核的主要内容，尤其是在抢工期阶段，日进度计划也是必不可少的审核内容。在项目实施过程中，监理工程师要制定出一套科学的进度管理方法和控制进度的措施，并根据委托合同赋予的职权监督承包人执行计划，以保证项目在合同规定的时间内完成。而工程项目管理在项目策划阶段就对进度进行管理，确定各种项目可完成时间，分析各项目之间的依赖关系，确定项目从立项到投入使用的整体工程需要的时间，制定整体进度计划，不仅是控制承包商的施工进度，而且应控制影响工程全过程的各个阶段进度。如设计、招标投标、合同签约、设备、材料采购，人员、技术、物资准备等阶段。

（二）在工程质量控制方面

工程项目管理和工程监理在施工阶段的质量控制方面功能是相同的，都是分事前、事中、事后控制。事前控制即预控，是质量控制的关键，是实现质量控制目标的前提和保障，是工程监理和项目管理工作的重点。事中控制是工程监理和项目管理工作的关键环节，二者事中控制基本一致，均包括①原材料、半成品的进场复试、见证检验；②施工方案审批的合理性；③设计变更和图纸修改的合理性；④分部分项、检验批和各项隐蔽工程检查和验收的合理性；⑤工程资料的真实性、完整性和科学性；⑥质量信息反馈的及时性。事后控制重点是质量问题发现、跟踪，处理结果的可追溯性，以及对后续类似工作的借鉴和控制措施的改进。监理企业在多年的监理工作中，对质量预控已经有一套成熟的标准化管理办法，通过旁站、见证取样试验、巡视、平行检验等科学手段，达到质量控制的目的。

（三）在安全生产管理方面

在整个工程施工阶段，安全生产管理都是各参建单位重点关注的问题，更是工程监理和项目管理的法定职责。二者都应配备合格的安全管理人员，进行教育培训并持证上岗，恪尽职守，依法履行职责。工程监理应根据法律法规、工程建设强制性标准，履行建设工程安全生产的管理职责，并应将安全生产管理的监理工作内容、方法和措施纳入监理规划及监理实施细则。项目管理应根据合同的有关要求，确定项目安全生产管理范围和对象，制定项目安全生产管理计划。本项目通过监理单位组织安全周检，项目管理组织安全月检，二者密切配合，使工程施工安全管理一直处于受控状态。

（四）在工程投资控制方面

监理企业在开展建筑工程施工监理的过程中，和项目管理一样具有投资控制的职责和功能。投资控制的目的，是确保在批准的预算范围之内完成各个项目。根据建设单位招标文件、工程量清单，结合施工单位中标工程量清单，编制不同施工过程资金使用计划，并分配到工程建设的各个阶段，确保资金使用合理。同时，从工程项目设计开始就应该严格控制概算，限额设计，控制设计变更，避免发生施工单位索赔事件，达到投资控制目标。

由以上分析可以看出，项目管理和工程监理在很大程度上具有相似性，这就是监理企业开展项目管理业务的最大优势，监理企业的人才和技术以及科学的管理方法、手段都可以直接用于开展项目管理业务。

## 二、监理企业的探索

项目管理和工程监理有很多相似之处，但是项目管理的范围远远大于工程监理，工程监理企业想做好项目管理，还需从以下几方面进行探索和加强。

（一）项目管理工作比监理工作对人员素质要求更高

做好项目管理工作，组建优秀的项目管理组织机构尤为重要。项目管理需要协调管理的参建单位多，管理的工作内容广，项目管理除了传统的质量控制和安全管理，对进度控制、投资控制和风险管理的要求更高，所以更需要综合素质高、业务能力强的员工组建团队。目前监理企业大部分人员综合业务能力不足，缺乏适合项目管理的人才，尤其是设计、商务、法律、经济管理等方面的知识和能力不足，很难形成具有核心竞争力的项目管理团队。

（二）打造过硬的造价管理团队是监理企业做好项目管理的必要条件

常规的监理工作，造价监理工程师一般只是配合现场专监对工程款支付、工程结算进行审核，而项目管理造价工程师（团队）是一个重要岗位，前期审核招标文件、合同、概算、模拟清单、工程量清单，施工过程中要审核设计变更、工程洽商、工程款支付情况，后期进行工程结算，配合审计审核。因此，拥有过硬的造价工程师团队是非常关键的。

（三）监理企业做好项目管理需要提升管理人员底气

多年来，多数业主喜欢亲自指挥，对工程监理授权不到位，再加上施工单位财大气粗，现场监理几乎是在夹缝里生存，造成监理底气不足，不敢管，管理力度不够大。而要干好项目管理工作，必须要有底气，敢于管理。底气来自于业主的信任和支持，来自于项目管理人员对现场的了解程度。项目管理的地位，不是业主，却要行使部分业主权利，如何取得业主的信任，获得各参建单位的尊重，一看人品，二看能力。尊重业主，和业主建立良好的沟通机制，让业主时刻掌握现场施工动态和投资拨付情况。项目通过日报、周报、月报积极向业主反馈各种信息，及时准确地向业主汇报沟通，得到业主的认可；同时，对需要业主解决的问题，不拖、不瞒，共同克服、解决困难，得到业主的理解和支持，确保整体工程进展顺利。

（四）监理企业要提升企业硬实力，参与行业竞争

目前，国内与建设有关的行业正在兴起组建全过程咨询和项目管理公司的热潮，设计勘察单位、造价咨询单位、大专院校、施工企业、政府企业的协会等都在尝试组建项目管理公司和团队。在激烈的竞争中，监理企业只有不断提升硬实力，才可以脱颖而出，立于不败之地。

# 浅谈全过程工程咨询

王小勤
山西协诚建设工程项目管理有限公司

## 一、基本概念

住房城乡建设部建筑市场监管司《关于征求推进全过程工程咨询服务发展的指导意见（征求意见稿）和建设工程咨询服务合同示范文本（征求意见稿）意见的函》（建市监函〔2018〕9号）提出，全过程工程咨询服务是对工程建设项目前期研究和决策以及工程项目实施和运行（运营）的全生命周期提供包含设计和规划在内的涉及组织、管理、经济和技术等各有关方面的工程咨询服务。全过程工程咨询服务可采用多种组织模式，为项目决策、实施和运营持续提供局部或整体解决方案。

《工程咨询行业管理办法》（国家发展改革委令2017年第9号）明确，全过程工程咨询是采用多种服务方式组合，为项目决策、实施和运营持续提供局部或整体解决方案以及管理服务。

## 二、政策背景

2019年3月15日，国家发展改革委、住房城乡建设部联合印发《关于推进全过程工程咨询服务发展的指导意见》提出，全过程咨询服务中承担工程勘察、设计、监理或造价咨询业务的负责人，应具有法律法规规定的相应执业资格并具有类似工程经验。全过程咨询服务单位应根据项目管理需要，配备具有相应执业能力的专业技术人员和管理人员。咨询单位要高度重视全过程工程咨询项目负责人及相关专业人才的培养，加强技术、经济、管理及法律等方面的理论知识培训，培养一批符合全过程工程咨询服务需求的综合型人才，为开展全过程工程咨询业务提供人才支撑。

2020年8月28日，住房和城乡建设部、教育部、科学技术部、工业和信息化部等九部门联合印发《关于加快新型建筑工业化发展的若干意见》提出，要发展全过程工程咨询，大力发展以市场需求为导向、满足委托方多样化需求的全过程工程咨询服务，培育具备勘察、设计、监理、招标代理、造价等业务能力的全过程工程咨询企业。

## 三、全过程工程咨询的特点

1. 全过程。围绕项目全生命周期持续提供工程咨询服务。

2. 集成化。整合投资咨询、招标代理、勘察、设计、监理、造价、项目管理等业务资源和专业能力，实现项目组织、管理、经济、技术等全方位一体化。

3. 多方案。采用多种组织模式，为项目提供局部或整体多种解决方案。

## 四、人才是咨询企业转型升级的关键

目前我国全过程咨询管理的专业人才分别是：全过程工程项目管理师、全过程工程咨询项目经理、全过程工程总咨询师。

全过程工程项目管理师，是指受业主委托，按照合同约定，代表业主对工程建设项目的组织实施进行全过程工程咨询、项目管理和服务的复合型专业技术人员，即全过程工程咨询服务团队总咨询师和总负责人。全过程工程项目管理师是作为对业主负责的总负责人，协助业主与工程项目的总承包企业或勘察、设计、造价、施工等企业进行协作与管理；在决策阶段、设计阶段、发承包阶段、实施阶段、竣工阶段、运营阶段等项目全生命周期中，受业主委托监督合同的履行，同时为项目提供全过程咨询服务。

全过程工程咨询项目经理，是指由受托的全过程工程咨询服务单位（联合体单位组成的机构需由各联合体单位共同授权）的法定代表人书面授权，全面负责履行合同、主持项目全过程工程咨询服务工作的负责人。是按照合同约定，代表业主对工程建设项目的组织实施进行全过程工程咨询、项目管理和服务的复合型专业技术人员，其熟知全过程工程咨询项目中项目经理的职责要求及管理要点，能对其所负责的全过程工程咨询项目进行风险规避及把控，是未来活跃在我国全过程工程咨询项目上的首要职能岗位人员。

全过程工程总咨询师，简称“总咨询师”，是指由受托的全过程工程咨询服务单位（联合体单位组成的机构需由各联合体单位共同授权）的法定代表人书面授权，全面负责履行合同、主持项目全过程工程咨询服务工作的负责人。即熟知全过程工程咨询服务相关政策和标准规范，并对全过程工程咨询项目落地实施、造价合约协同管控、项目管理风险管控等有深入的理解和应用能力，是当下咨询行业稀缺的复合型专业技术人员。

归其根源，项目的全过程咨询是以客户需求为导向，以实现建设项目目标为宗旨，整合建设项目的投资咨询、招标代理、工程勘察、工程设计、工程监理、造价咨询、项目管理、运营维护及BIM咨询等咨询服务，满足一体化咨询服务需求，以提高工程质量、保障安全生产、推进绿色建造和环境保护、促进科技进步和管理创新，实现资源节约、费用优化，从而提升建设项目综合效益，达到建设项目全生命周期价值最大化。现阶段我国并不缺乏各建设阶段专业技术咨询人员，在咨询行业转型升级的过程中真正缺乏的是复合型专业技术咨询人才。

## 五、全过程工程咨询的工作内容

在业主方委托的全过程工程咨询的项目管理服务内容中，一般的项目管理的工作内容可分为五个部分：

1. 综合管理部分，包括项目报批、报建、报验，项目管理的内勤、外勤、信息档案，项目策划，计划管理与项目后评估管理等。

2. 招标采购与合约管理部分，包括项目的咨询服务，工程设备材料、施工承包招标，合同谈判、履约监督、费用支付等。

3. 设计与技术管理部分，包括项目的勘察设计，项目的使用功能、标准或参数、技术要求的确定等。

4. 造价咨询部分，包括项目的技术经济分析，项目的投资控制等。

5. 工程管理部分，包括项目的质量控制，进度控制，投资控制，安全文明管理，环境、信息资料管理，项目建设过程的组织协调，项目竣工验收等。

项目管理的成效会直接影响建设工程使用功能、项目投资与项目经济效益和建设周期的工程设计管理工作。

## 六、全过程工程咨询服务的发展方向

众所周知，我国建设工程的决策、设计、招标投标、施工和竣工验收等各阶段一脉相承，传统的工程咨询企业将各阶段分隔开来，具有较大的弊端。当前，伴随着我国建设工程项目的建设规模增大，技术复杂程度和投资总额不断增高，甲方对工程咨询企业也提出了更高、更细的要求。这就要求建设工程咨询企业应努力适应当前我国建设工程项目的实际特点，并与国际先进的工程咨询模式接轨，运用现代化的技术和科学有效的管理手段，对建设项目进行连续性的全过程控制，使建设项目从项目立项开始就朝着可控方向发展，这也是当前世界建设工程咨询服务的发展潮流，也是我国建设工程咨询服务的发展方向。

传统意义上的工程咨询服务，包括投资估算、设计概算和施工预算等，均是遵循一定的定额单价和计算规则，对建设工程的造价进行实时核算。这类似于运用相同的计算公式而套算不同的数字。而全过程工程咨询尽管在工程实施过程中要做大量的数据核算，但其根本目的还是为业主实现投资控制目标，为实现这一目标，需选用合适的计算公司和有效的原始数据（包含了建设工程实施过程中的各种要素的消耗指标、进度指标、质量指标和价格指标等）；而良好的全过程工程咨询服务则是能以较低的成本为甲方提供这些原始数据及其分析结果，如项目数据库、价格信息数据库和建设政策法规数据库等。

伴随着我国经济社会的快速发展，我国的建设工程项目的体量、投资额和复杂程度都极大地增强了，这也使得建设工程业主面临着更为复杂的技术、管理和资金问题。在此背景下，开展建设工程全过程工程咨询服务，让专业的社会化的机构对建设项目的全过程采取连续性的可控服务，实施建设项目的精确化管理，对提高我国建设工程项目的各阶段管理效率具有显著的促进作用。

参考文献

[1] 陈松展．全过程工程咨询模式下电网基建工程建设管理研究 [J]．百科论坛，2020（14）：1746-1747．
[2] 吴君东．建筑工程造价全过程的工程咨询服务与质量控制研究 [J]．现代物业（中旬刊），2019（8）：1．

# 创新驱动　数字赋能　持续打造企业发展核心竞争力

宋　萌
国机中兴工程咨询有限公司

## 引言

《关于促进工程监理行业转型升级创新发展的意见》中指出，监理企业转型升级目标为“工程监理服务多元化水平显著提升，服务模式得到有效创新，逐步形成以市场化为基础、国际化为方向、信息化为支撑的工程监理服务市场体系……”，主要任务是“提高监理企业核心竞争力”“引导监理企业加大科技投入，采用先进检测工具和信息化手段，创新工程监理技术、管理、组织和流程，提升工程监理服务能力和水平”“推进建筑信息模型（BIM）在工程监理服务中的应用，不断提高工程监理信息化水平”。

公司充分认识到企业数字化、信息化、智能化的重要性，从2013年起围绕公司战略、企业管理能力提升和企业转型发展需要开展公司数字化、信息化建设，分别研发了公司EEP项目监理平台、EEP道桥在线、基于BIM技术的机电工程清单算量软件、轨行区管理平台、全过程工程咨询数字化管控平台等拥有自主知识产权的软件。

## 一、EEP项目监理平台（综合性平台软件）

1. 主要功能。为提升公司对工程项目的信息化管理水平，公司2013年立项进行EEP项目监理平台的研发，其目的是改变公司对工程项目传统的监督管理模式，即管理人员必须到现场或听取汇报才能对工程项目情况进行了解和监管，项目监理平台将监理文件、产值完成、收款到账等全部平台在线化，考勤、考核、文件审批、用印申请、物品领用等全面在线审批流程化，有关文件自动关联、提取统计。做到资料信息化，文件标准化，申请、审批无纸化，基础、关联信息提取统计自动化，知识共享化，管理权限化，使公司管理人员通过查阅平台即可较全面地了解项目情况，提高了工作效率，提升了公司的管理水平。

软件的研发成功及应用改变了公司对工程项目的监督管理方式，有效提高了管理水平和管理效率。

2. 成果与获奖。EEP监理项目管理平台共获得4项软件著作权。2015年6月该软件获得河南省建设科学技术进步奖一等奖。

## 二、EEP道桥在线（专业性平台软件）

功能介绍：EEP道桥在线是一款公司针对市政（道路）类线性工程项目专项研发的工程项目管理软件，软件采用BIM、GIS等技术，从而使工程项目管理实现信息化、可视化、自动化，大大提高了项目管理的水平，较好地解决了市政（道路）类线性工程项目现场监管困难的难题。

软件以路桥信息模型为核心，集成现场监控系统，关联进度、质量、成本和安全等内容，重点解决了各参建单位基于BIM模型的协同工作；可做到移动端线上协调管理、问题反馈，现场数据采集和现场问题的及时反馈处理，方便工程资料的实时查阅，满足各方对现场情况的实时掌控，提高建设过程中对进度、质量、协调、安全文明的管理水平。

功能模块包括：项目全要素监控中心、进度管理、问题管理、隐蔽工程管理、计量管理、消息及资料管理，移动端外部协调、质量问题、安全文明问题、进度等上报及处理，移动端施工进度虚实对比，远程实时现场，工程资料、设计图纸、隐蔽工程、各类报表即时推送等。

成果：EEP 道桥在线已获得 5 项软件著作权。

## 三、基于 BIM 技术的机电工程清单算量软件（专业工具类软件）

（一）研究背景

BIM 在工程造价领域的应用，国内主流服务提供商都在进行研究及开发，但在电气工程中，由于回路众多且无法有效快速创建线缆模型等问题而无法生成工程量清单。

工程计价三要素包括：量、价、费，其中工程量计量是工程计价及造价管理的基础工作。有数据表明，工程预算编制中，工程量计算耗用的工作量，约占全部预算编制工作量的 60%~70%。工程量计算的快慢，直接影响和决定工程招标文件（工程量清单）、工程预算书等编制，其准确性将直接影响工程计价造价的准确性。因此，如何解决工程 BIM 算量是目前 BIM 应用的重要研究与开发方向。

机电安装工程专业类别多，在《通用安装工程工程量计算规范》GB 50856—2013 中清单子目众多，工程量计算量大，若解决了 BIM 机电安装工程算量问题，利用 BIM 模型，自动生成与规范相一致的工程量清单，将会大大提高工程计量及造价管理的工作效率，极大减轻工程造价人员的工作量。

（二）研究成果

1. 软件不仅能对建筑工程中的水、暖工程进行工程量自动计量与导出，而且在电气工程方面也取得了重大突破，对 Revit 软件中无实物模型只有模型线的电缆电线自动生成并计量、导出与《通用安装工程工程量计算规范》相一致的工程量清单，解决了国内同类软件无法解决的技术障碍。

2. 研究开发出相关软件插件。1）根据桥架内导线电缆规格自动调整桥架大小；2）根据线管内导线根数自动调整线管管径；3）具有双控开关回路导线自动生成和计算功能。

3. 成果：基于 BIM 技术的机电工程清单算量软件已获得 5 项软件著作权，1 项发明专利。

（三）研究意义

软件的研发成功，解决了国内同类 BIM 算量软件无法生成并计量导线的技术障碍，此项成果国内首创并领先。

## 四、轨道交通轨行区安全管理平台（专业类管理软件）

功能介绍：轨道交通轨行区安全管理平台是公司研发团队根据在郑州地铁 3 号线和洛阳地铁 1 号线铺轨监理工作中的特殊管理需求研发的项目级施工综合调度和安全管理平台，为业主解决在施工过程中的可视化、参与方协同管理、综合管控（进度、质量、安全）、人员管理以及信息共享传递、轨行区自动化审批、风险等级识别、风险等级消除等诸多方面的问题，为地铁轻轨工程建设项目的数字化监管打下良好的基础。

该平台软件以轨行区调度管理为基础，以施工进度计划、施工请点销点、施工作业区安全管理为核心，平台分网页端和手机端，以“总协调控制”“质量控制”“安全控制”“消息管理”“问题管理”“过程资料管理”“风险源智能分析预警”“风险源规避预警”为目标的“三控三管二预警”项目总控机制，以及“轨行区工程管理智能化统计分析作业区域”“报表审批请点、消点管理”等轨行区安全管理功能，即时全部集成到平台软件之中，能够为用户提供完整的可追溯查询信息资源，使轨行区管理实现自动化、智能化。

成果：轨道交通轨行区安全管理平台已获得 3 项软件著作权。

## 五、全过程工程咨询数字化管理平台（综合性平台软件）

全过程工程咨询数字化管理平台于 2020 年 7 月立项，已完成平台研发工作并推广应用。

（一）软件平台的主要功能

1. 项目级咨询：项目级驾驶舱、项目咨询管理（目录树）、工作台（用印申请、物品领用、考勤考核、信息发布等）。

2. 职能管理：驾驶舱（企业级、事业部级）、工作台（人力资源、综合管理、经营管理、生产安全管理、质量创新管理、财务管理）。

3. 智慧管控：BIM、智慧工地、指挥调度及技术支持。

4. 手机端：将电脑端的审批、填报、查阅等功能移植到手机端，方便快捷，提高工作效率。

（二）全过程工程咨询管理任务目录

全过程工程咨询管理任务主要包括项目策划、投资决策咨询管理、招标采购管理、报批报建管理、工程勘察管理、工程设计管理、工程实施管理、造价咨询管理、BIM 咨询管理、运维管理等。

（三）软件平台 10 大亮点

软件平台以全过程工程咨询管理 +

专业咨询为主线，涵盖所有工程咨询类型，即一个平台解决了工程咨询项目的管理和专业咨询所有内容，主要有以下10大亮点。

1. 采用模块化设计，即可以根据不同的咨询合同类型，选择对应的咨询模块，生成有针对性的目录树结构（无关的咨询内容不显示）。

2. 采用标准化、规范化、程序化设计，即项目目录树中每项任务均有标准化工作流程及标准表格，同时提示其前置任务和参考模板。

3. 多参与方，平台为工程各参与方（建设单位、勘察设计单位、施工单位、其他咨询单位等）留有工作接口，实现工程数据互联协同、数据共享、科学管理。

4. 驾驶舱（企业级、事业部级、项目级），企业级驾驶舱通过总揽全局的方式，对企业各类生产经济指标进行总体把控，对公司在建项目和生产人员分布情况了如指掌，便于进行合理的生产安排和资源调配，为公司生产、经营及战略发展提供数据支撑。

5. 实现项目级工程咨询管理与公司职能管理有效融合。工程项目涉及与公司职能部门管理有关的全部在线平台办理，如文件审批、用印申请、物品领用、考勤考核、收款计划等。

6. 底层数据积累，实现可扩展的数据统计。平台构建以项目级管理（咨询）为核心，项目最基础数据如人员考勤、收款计划、实际收款、工程进度、工程付款、物品领用等全面进行结构化积累，进而可实现如项目人均产值、年度收款、收款计划完成率、人员分布、人员结构等数据计算统计；将事业部所属项目数据进行统计计算可以形成事业部生产管理数据；将公司所有事业部的数据进行统计分析运算形成公司级数据。这些数据逐级积累统计，为各层级的科学管理提供支撑。由于平台将最基础的数据进行了积累，为今后管理统计数据的扩展打下了基础。

7. 详细的工程类别分类及咨询合同、技术方案、咨询成果及造价信息收集积累，实现咨询业绩、工程技术案例、咨询成果文件检索及造价指标分析。

项目创建时，平台按照国家相关规范文件将工程项目首先进行了14大类分类，对于房屋建筑又进行了三级类别拆分，如民用建筑—公共建筑—体育建筑—体育场，即将项目进行了详细工程类别分类。同时项目合同、技术方案、咨询成果、工程造价信息等在实施过程中在平台同步进行积累。平台开发对应查询功能，按照地区、咨询类别、时间、工程类别、查询内容等维度进行内容搜索，实现有针对性的文件资料检索，为工程咨询服务提供技术支持。

8. 危大工程提示、警示、报警，实现工程项目重大风险的有效管理。

危大工程是工程项目安全管理的重要对象，传统的平台对危大工程仅进行了资料过程积累，安全监督检查线上只能进入项目进行查看，无法对危大工程存在的问题进行重点监督。平台针对危大工程开发了智能管理模块，将危大工程分为危大工程和超危工程（超过一定规模的危大工程），项目按照施工图纸、施工组织设计、施工方案等建立危大工程及超危工程清单，设定计划开工时间和计划完工时间，系统将自动统计当前危大工程及超危工程数量，各单位相应工作系统将按照预设时间及是否完成进行提示、警示和报警，实现重大安全风险的智能化管控。公司相应职能部门可以根据平台预警、报警情况有针对性地进行跟踪监督管理。

9. 智慧管控功能，现场情况一览无遗并可远程在线指挥调度，进行工程检查及提供技术支持。

软件平台可以接入项目现场无人机、视频监控、扬尘检测、智慧工地等设备数据，同时，平台集成执法记录仪，具有实时在线视频对讲功能，通过这些功能可实现公司对项目实施情况的视频监督管理，现场人员在线视频与公司技术专家交流项目存在的技术难点。

10. 无纸化办公、工程资料自动归档。软件平台具有项目文件在线编辑、审批、签字、盖章等功能，同时项目咨询工作任务与工程资料归档目录建立对应逻辑关系，实现无纸化办公和自动归档。

（四）软件平台应用情况

平台目前已在公司所有项目中推广应用，应用情况反映良好。

## 结语

经过多年的发展，公司的数字化、信息化技术研发及应用能力得到大幅提升，为公司主营业务的开展及企业向全过程工程咨询服务转型与发展提供了良好支撑，对推动企业市场开拓及提高咨询服务能力具有重大意义。

在百年未有之大变局和内外部环境异常复杂的背景下，未来的监理行业机遇与挑战并存。监理企业应在政策的引导下，用饱满的激情、真挚的情怀，去确定企业的发展方向和目标，用谦虚谨慎、善学善思的态度在实践中不断探索、创新和总结，持续经营企业发展的长坡厚雪，共同推动行业的高质量发展。

# 科技创新发展，做能够创造价值的工程咨询企业

郑　煜
云南城市建设工程咨询有限公司

**摘　要：**随着数字化科技的迅速发展，以及信息化技术的提升与社会发展的加速，人们的工作和生活方式被极大改变了，深刻地影响着产业端的发展，数字经济正在成为我国经济发展的关键驱动力，一定程度上讲，数字经济的繁荣程度可以反映某个行业的发展状态。本文结合云南城市建设工程咨询有限公司相关项目实施情况，就企业数字化转型过程的探索和实践，阐述了笔者对数字化转型的认识，总结了如何应用信息技术的探索与展望，从而为提高建设工程的全过程管理水平提供可借鉴的经验。

**关键词：**工程监理企业；数字化；转型升级；全过程工程咨询

## 引言

近年来，随着我国固定资产投资项目建设水平逐步提高，为更好地实现投资建设意图，投资者或建设单位在固定资产投资项目决策、工程建设、项目运营过程中，对综合性、跨阶段、一体化的咨询服务需求日益增强，过去浅尝辄止的数字化，正在被高层次的数字化转型所取代，企业推进数字化转型已成为产业发展的必然趋势和选择，业内逐渐形成可提供工程全过程咨询服务的业务模式，同时逐渐开始采用先进的技术工具和信息化手段，不断提高工程咨询信息化水平。

现以科技创新发展，做能够创造价值的工程咨询企业，结合云南城市建设工程咨询有限公司在工程咨询业务创新中适应市场发展的一些心得，与同行商榷。

## 一、基本概况

云南城市建设工程咨询有限公司（以下简称“城建咨询”，YMCC）成立于1993年，是全国文明单位、全国住房城乡建设系统先进集体、高新技术企业、专精特新“小巨人”企业，云南省首批“建设工程监理”“建设工程项目管理”试点单位。

城建咨询通过30年的发展，积累沉淀了“1+5+N”管理模式，即实现党组织“1”核心作用发挥，结合YMCC“质量安全、智慧引擎、人文环境、职业道德、客户满意”“5”个基础，持续以“业务创新、市场创新、科技创新……”等N个创新方法，持续推动企业高质量健康发展。

企业自成立以来，一直深耕于工程咨询行业，以“一业为主、多业并举”为原则，集思广益，制定了创新服务产品的整体计划。在传统业务发展的基础上开始进行“组合式”“一站式”“项目管理+”“工程咨询+”“政府购买工程咨询服务”“全过程工程咨询”等模式的工程咨询服务探索。从最早的单一咨询模式，到现在全过程工程咨询“1+N+X”模式，城建咨询不断探索和创新，为委托人提供有价值的工程咨询服务。公司可为客户提供建设全过程、组合式、多元化、专业化、专属定制式工程咨询服务，是一家全牌照、综合型、集团化的工程咨询服务商。

企业自成立之始一直秉承“技术创

造价值、品牌铸就基业”这一企业核心价值观，致力于工程咨询信息化技术的研发。2020年，城建咨询提出“数字云咨·智慧咨询”的理念，以“1+N”的研发模式（即1个核心平台，+N个数据接口和N个技术工具或方法）不断致力于走智慧工地、智慧咨询的转型发展之路，目前在信息化平台、BIM、无人机、二维码、智能眼镜等科技创新应用方面初见成效。

## 二、对企业数智化转型的探索和实践

（一）城建咨询科技创新的发展路径

20世纪90年代，计算机、针式打印机可以说是“奢侈品”，为工作带来了很多便捷性，在那个时代，城建咨询将其作为项目机构标配，配置到每个项目上。

1997年，城建咨询研发中心成立，设立信息化办公室“微机室”，搭建服务器、局域网，开始了最早的信息化工作。以VB或C语言为开发平台采用C/S架构自主开发的人力资源管理系统、工资管理系统、混凝土评价系统。虽然只是一些简单的小软件，但提升了工作效率和管理能力。

20世纪90年代监理规范还没有发布，监理工作都依据“88”标准和其他规范开展相关工作，城建咨询也做了大量的软件开发工作，但很快发现巨大的投入下，所开发的软件或者插件并没有提高现场的管理，反而出现了影响工作的一些现象，如一些实测实量的工作，现场填写后，还要回到办公室再录入一遍，无形地加大了工作量。为此，城建咨询放缓了自主开发的脚步，转而研究业内相对成熟的软件管理系统，如引入了当时较为成熟的“监理通2000”系统用于项目信息化管理，使用过程中我们发现该类型的成熟软件存在与企业自身管理不匹配的问题，城建咨询在信息化发展的道路上第一次遇到瓶颈。

2000—2008年，虽然企业每个部门和项目机构都有电脑，但由于使用的系统或软件都为单机软件或系统，伴随着项目的不断增加，与企业“多元业务”不能更好地契合，“信息孤岛”效应也慢慢显现出来。

在此期间城建咨询再次回到了结合自身的研发上，结合业务特点又自主研发了评标专家管理系统、评标专家抽取系统、基坑变形观测统计分析系统、业务项目管理系统等。城建咨询形成了按业务各块分割的独立系统，“信息孤岛”效应更为突出。虽然极大地提升了工程咨询服务水平和形象，但是没能有效提升企业的整体管理效率和管理能力。

城建咨询于2008年完成第二次资源整合，专门成立了企业“研发中心”，研究国家有关政策及市场导向，负责为企业工程咨询各业务板块多样化、差异化发展提供数据与依据，研究和开发适应市场需求，并能市场化的相关工程咨询业务产品。同年成立了“信息中心”负责企业经营管理活动中和业务项目在运用信息化方面的拓展、创新及日常的管理工作。

对于工程咨询企业而言，信息化建设或者数据应用，可主要分为两大模块，即基于各类工程咨询业务的生产管理模块和包含经营、财务、人资、技术等管理的与企业经营管理相关的管理模块。参考其他行业的发展经验，实现数字化转型就是要先解决数据转换问题，再解决数据在线及管理问题，也就是说要完成转型或升级，第一步的关键在于“在线”，无论是通过局域网还是互联网手段，要能让数据发挥作用及价值，需要实现“数据在线”“管理在线”“业务在线”。

通过研究和分析，我们发现原有的各管理系统信息相对零散，分布在不同的模块中，若要查看、了解和分析信息，则必须要进入相应的模块。虽然从功能层面上看不是问题，但工作效率和便捷性不高，不能为管理和快速决策提供必要的数据支撑，缺少各业务的集成界面、统一的用户视图和个性化的深入分析。“信息孤岛”是企业数智转型的最大壁垒，只有解决“信息孤岛”这一问题才能保证信息在管理部门、业务项目之间数据的高效流转和应用。城建咨询也正是经过充分调研，不断地在总结经验与教训中将企业资质范围内的监理、项目管理、招标、造价、前期咨询等工程咨询的管理，及OA、经营、人资、财务等管理整合到一个信息系统中。“云咨数字运营管理平台V1.0”版开始运行，在上一阶段通过“单机”收集的各类数据得到了有效整合，实现了“一数一源”和解决了数据、管理及业务在线这一问题。

2009年国家正式印发《2006—2020年国家信息化发展战略》，全国信息化发展进入快车道，互联网、物联网等信息技术迅猛发展。城建咨询也紧跟发展趋势，结合自身业务特点自主研发在2013年完成“云咨数字运营管理平台V2.0”。

工程咨询行业以人为“主”，最大的财富就是知识的积累，如何将知识进行总结及推广就成为工程咨询行业持续发展的要务。V1.0 首先解决的是知识积累的问题，V2.0 则解决了“知识库”问题，让一线从业人员能在第一时间通过在“云咨数字运营管理平台”搜索获得处理经验、规范标准及相关政策文件等，进一步提高了工作效率和处理问题的能力。

V2.0 还结合《建筑工程资料管理规程》DB11/T 695—2017、《建设工程监理规范》GB/T 50319—2013 及地方相关规定，从城建咨询管理要求出发，对业务项目资料管理作出了进一步的统一和规定，目前已实现过程资料实时同步到管理系统中，从而使企业对业务的管理能力和服务水平得到了提升。

2016 年，《住房城乡建设部关于印发 2016—2020 年建筑业信息化发展纲要的通知》（建质函〔2016〕183 号）提出了企业信息化、行业监管与服务信息化、专项信息技术应用、信息化标准四大方面任务。

同年，城建咨询启动了“云咨数字运营管理平台”第三次升级，此次升级将原有的运行的系统平台进行重新架构，整合管理功能，完善底层数据库互通，使各平台间可独立运行，也可根据业务需要自由组合，形成模块化 SaaS 架构。

“云咨数字运营管理平台”V3.0 用员工喜闻乐见的方式，将“知识库”及“学习平台”，按每季度的“安全质量评测”与企业微信进行了融合，进一步提升了知识管理的能力，也方便员工通过手机随时随地查阅、学习和测评。

根据建设项目的不同参建方，目前城建咨询还研发了“业主项目管理系统”、YMCC 安全质量（第三方）巡检信息化系统等信息管理等平台（系统）共计 30 余个，全部平台（系统）已取得国家“软件著作权”，旨在最终实现“企业集约化管理”和“项目精细化管理”的和谐统一（表 1）。

“线上”的应用场景越来越多，结合当前全过程咨询发展的趋势，也让我们充分地认识到信息化对行业所带来的深远影响。当前，城建咨询牵头主编的云南省《建设工程全过程工程咨询服务标准》已通过云南省住房和城乡建设厅批准立项，为保障标准具有可操作性和先进性，城建咨询已开始加大对“节点法”项目管理系统进行全面梳理和升级，使之能成为全过程工程咨询管理的技术支撑。同时也启动了“云咨数字运营管理平台 V4.0”的研发工作，主要就是通过数据梳理，实现更多的应用场景，完善业务逻辑、AI 辅助等功能。

（二）城建咨询在电子化、信息化、智能化技术的应用探索

1. 无人机应用

近年来，随着国家科技创新深入推进，无人机作为一种新型工具正不断在多个行业领域中推广应用。随着无人机技术的不断发展，无人机的系统功能取得了突破性发展，为咨询工作提供了便利，也提供了有力的数据支撑。咨询企业作为建筑行业的重要组成部分，在新时代创新型经济的推动下，正与多个领域不断深度融合。

**各系统设置情况表** **表 1**

| 业务菜单（简称） | 系统 / 平台名称 | 决策阶段 | 勘察设计阶段 | 工程实施阶段 | 运营维护阶段 | 备注 |
|---|---|---|---|---|---|---|
| 全 / 项 / 代 | 业主项目管理系统 | ● | ● | ● | ● | |
| 全 / 项 / 代 | 项目管理业务系统 | ● | ● | ● | ● | |
| 全 / 项 / 代 / 前 / 策 / 融 | 项目投资咨询辅助系统 | ● | | | | |
| 全 / 项 / 代 / 招 | 招标业务管理系统 | ● | ● | ● | | |
| 全 / 项 / 代 / 招 | 招标业务专家抽取系统 | ● | ● | ● | | |
| 全 / 项 / 代 / 更 / 乡 / 规 / 设 | 规划监理设计辅助软件 | | ● | | | |
| 全 / 项 / 代 / 监 | 造价咨询业务信息管理系统 | ● | ● | ● | | |
| 全 / 项 / 代 / 前 / 策 / 融 / 监 | 工程咨询造价指标管理系统 | ● | ● | ● | ● | |
| 全 / 项 / 代 | 工程造价精细化管理软件 | | ● | ● | | |
| 全 / 项 / 代 | 项目预算管理系统 | ● | ● | ● | ● | |
| 全 / 项 / 代 / 监 | 项目合同管理系统 | ● | ● | ● | ● | |
| 风 / 估 / 保 | 安全质量（第三方）巡检信息化系统 | | | ● | ● | |
| 监 | 监理工作 BIM 技术应用平台 | | | ● | ● | |
| 监 | 监理过程数据分析系统 | | | ● | | |
| 监 | 监理现场管理系统 | | | ● | | |
| 全 / 项 / 代 / 监 | 现场安全生产评价管理系统 | | | ● | | |
| 全 / 项 / 代 / 监 风 / 估 / 保 | 项目质量安全评测管理系统 | | | ● | | |

注：全：全过程工程咨询；项：项目管理；代：项目代建；更：城市更新；乡：乡村振兴；策：项目策划；规：城乡规划；融：项目融资咨询；前：投资决策咨询；招：招标（政府）采购；设：工程设计；监：工程监理；保：工程保险咨询；风：工程风险咨询；估：工程评价（估）咨询。

城建咨询自2018年，已开始探索无人机在咨询业务中的应用，从早期简单的航拍应用，发展至现在无人机应用于全过程工程咨询、项目策划、城市更新、乡村振兴、城市规划、投资咨询、工程风险咨询（政府购买第三方工程咨询和工程监理等业务）中，进行项目现场踏勘、安全文明管理、质量管理、进度管理等多方面的应用，可以很好地配合全过程工程咨询管理工作。

2. BIM技术应用

BIM是“十三五”建筑业信息技术发展的重要内容。BIM应用贯穿纲要各个环节，从“十二五”时期的理念提出、实践发展，到如今正在步入全过程应用，其技术优势已成为建筑业的亮点。

然而，由于项目参加各方的内生动力不足及所处位置不同，各方BIM技术在应用时各有长短，国家相关标准及规范也还不健全，不同的单位之间BIM水平也参差不齐，造成各自为战。从项目策划使用正向设计应用BIM技术，还是BIM指导建设过程管理到交付运维，行业内充斥着各种论点，没有发挥出BIM的真正价值。

2019年11月，城建咨询牵头会同云南省设计院集团有限公司、昆明市建筑设计研究院股份有限公司、云南建筑产业化研发中心有限公司、云南工程建设监理有限公司、上海同济工程咨询有限公司、江苏建科工程咨询有限公司等6家企业，向云南省住房和城乡建设厅申请编制云南省工程建设地方标准《云南省民用建筑信息模型监理应用标准》获得批准。2022年城建咨询主编的《云南省民用建筑信息模型监理应用标准》DB J53T-133—2022获得云南省住房和城乡建设厅批准。

监理不是BIM的建模或翻模单位，所以标准从工程监理的本职工作出发，指导监理的工作，成为监理的技术“助手”。通过YMCC自身项目的应用实践，总结出以下技术路线：

1）辅助施工方案审核及调整优化；

2）辅助技术交底及质量监控；

3）辅助项目事前及进度管理；

4）指导安全措施及监管；

5）加强项目信息资料管理；

6）提升从业人员专业素养和能力，从而提高项目机构的管理能力和服务品质。

3. 与其他创新技术相结合

1）智能眼镜：由企业通过后台给项目下发任务，现场工作人员用智能眼镜按照任务要求到现场完成工作并上传过程记录，最终将关键控制点实时记录以视频或图片的形式链接到BIM模型相应部位。

2）二维码：将关键点、难点部位图纸要求、控制要点、控制措施、图集做法及BIM模型节点大样制作成二维码，粘贴在相应施工部位，现场施工人员可通过扫码的方式进行查看、学习、交底等。

## 三、未来及趋势

2022年《住房和城乡建设部关于印发“十四五”住房和城乡建设科技发展规划的通知》（建标〔2022〕23号）提出发展绿色低碳技术，数字化、智能化城市建设以及建筑工业化等重点发展方向，共九大重点任务和六大创新体系建设三大板块。

现阶段城建咨询已实现通过“云咨数字运营管理平台”1+N发展模式，融合了施工现场巡查穿戴设备、无人机巡查、数据上“云”、信息化系统平台、二维码快速查询等信息化装备和工具，做到管理决策有依据、执行记录真实可追溯、问题监督反馈有闭环；通过BIM技术从时间、空间维度实现项目进度、质量、造价等要素管理一体化，实现管理可视化、可量化。最终实现持续向前发展，实现“企业集约化管理”和“项目精细化管理”的和谐统一。加快发展生产性服务业是向结构调整要动力、促进经济稳定增长的重大措施，既可以有效激发内需潜力、带动扩大社会就业、持续改善人民生活，也有利于引领产业向价值链高端提升。

当前，工程咨询服务的信息化程度还比较低，需要通过加快信息化和工业化深度融合，推动建筑业发展方式转变、提质增效，提高工程建设科技含量和建筑品质，通过发挥信息化驱动力，共同推动住房和城乡建设科技发展规划，拓展建筑业新领域。

# 施工监理在重大工程中发挥的重要作用
## ——两港大道工程“鲁班奖”创建实践分析

汪青山　李欣兰　戴卫惠
上海三凯工程咨询有限公司

**摘　要：**本文结合两港大道快速化工程申报“鲁班奖”的创优经历，从监理角度对项目特点及难点、监理组织与工作亮点、监理工作成效等方面进行了总结和思考，以期为今后类似市政道路与桥梁工程项目创优管理提供有益参考。

**关键词：**道路与桥梁工程；施工监理；“鲁班奖”

## 一、项目概况

两港大道项目位于中国（上海）自由贸易试验区临港新片区，线路全长12.8km，规划红线宽度60~90m，作为临港新片区首个上海市重点工程，极大改善了新片区的交通环境，临港新片区通往浦东机场的路程由45分钟缩减至25分钟，同时大幅减轻S2沪芦高速的交通压力，为新片区建成面向亚太的国际枢纽城市提供交通保障。

线路南起S2沪芦高速，北至大治河，工程实施内容为3座节点跨线桥，分别为X2路节点、临港大道节点、东大节点，以及路段设置连续机非辅路及快速化设施改造。施工自2020年5月20日开始至2021年6月30日结束（图1）。

## 二、项目特点与难点

1. 场地狭长，全线保通压力大、交通导改难度大。工程基坑周边场地使用紧张，材料运输量大，各专业堆场占地面积大，如何进行施工组织、施工场地的合理划分、转换和管理是工程的重点、难点。东区基坑周边已无施工道路，导致场地内无法组织交通。线性长，工程全长12.8km，施工位置多，同时两港大道需在施工的同时保持社会车辆畅通，全线保通压力大、交通导改难度大。

2. 工期紧，任务重。两港大道工期短，涉及专业众多，包含东大公路高架桥、临港大道跨线桥、X2跨线桥及道路改扩建、绿化、驳岸、地面桥11座等，桥梁结构形式有现浇钢筋混凝土梁、钢混组合梁、钢箱梁、预制梁，工期压力大。2021年6月30日需完成通车，建设周期仅406天。

图1　国内最大跨度分趾式异形系杆拱桥

3. 两侧地下管线复杂，强电、弱电、供水排水、国际光缆需要迁改。两港大道两侧地下管线复杂，项目在进场后还有多处管线未征迁，全线近200根各类管线（包括超高压电力、燃气、上水、信息、污水、监控、路灯、移动、国际光缆等），影响范围广，强电、弱电、供水排水、国际光缆需要迁改，给项目抢工带来了极大的难度，尤其是电力管线，征迁缓慢，迁改周期长，对施工影响大。

4. 项目施工难度大、精度高，桥梁结构形式有现浇钢筋混凝土梁、钢混组合梁、钢箱梁、预制梁多种形式，跨临港大道异形系杆拱钢箱梁单跨130m，下有地铁16号线。全线跨线桥采用预制花瓶墩柱，工艺复杂、施工难度较大。现浇弧底鱼腹式箱梁，施工精度及成型质量要求高。

5. 项目为线性工程，作业面多，涉及专业多，投入施工人员多，多工种交叉作业、立体作业多，危险作业较多，存在各种安全隐患，因此，工程在确保施工进度质量的同时，如何确保工程施工安全、加强环境保护和绿色施工管理，也是该工程施工管理的一个重点。

6. 项目为临港新片区首个上海市重点工程，业主对于工程工期、质量、安全十分重视，临港管委会领导和业主集团领导巡查本项目频率较高；工程3座跨线桥施工难度大，基坑最深12m，单体跨度最长130m，确保安全是工程的重中之重。

## 三、监理组织与工作亮点

（一）监理组织机构的最高配置规格

根据监理合同及监理规范，并结合工程实际施工情况，针对本项目要求，组建了以事业部经理汪青山同志为总监理工程师的现场项目监理机构，管理经验、协调经验达到公司最高标准；设2位国家注册监理工程师常志生、戴卫惠同志为总监代表，技术水平与经验与普通项目总监理工程师齐平；陆续进场专业监理工程师近40人，涵盖安全、测量、材料见证、土建、市政、桥梁、钢结构、安装、绿化等多个专业，监理人员年龄结构、专业配置齐全合理。设立公司与上勘集团定点项目顾问团队，进行一对一技术支持。

监理人员进场后，在总监的组织下，配备了电脑、打印机、照相机、钢卷尺等办公设备；根据现场施工进度情况，配备了全站仪、经纬仪、水准仪、红外手持测距仪、检测尺、游标卡尺等相应设备。另外，由于工地离项目总部较远，施工线路长，现场按照3个工区进行分组驻点监理，同时监理总部配备6辆小汽车或面包车，统一进行项目全局管理。

（二）监理工作的创新与亮点

1. 专人材料验收

工程时间紧、任务重，为保证工程进度时间节点的按时完成，项目监理部始终严把质量关，严格验收标准，完善质量管理细节，精益求精。现场巡视旁站人员随身携带工具包与图纸，遇到现场施工存疑，随时对照图纸比对施工，发现问题第一时间通知施工整改，避免了后续更大的整改返工。安排专人管控材料进场验收，不合格材料坚决退场，从源头上确保质量合格。

2. 重点工序样板引路

建设过程中，项目根据现场施工进展情况，对桥梁工程墩柱吊装、现浇箱梁施工、钢箱梁施工等重点施工工序实行样板引路制度。过程中严格按方案执行，仔细认真研究图纸设计意图，主动联系设计进行技术沟通，掌握关键节点的控制流程，按要求进行督促监管，在确保规定动作不走样的同时，项目部实行24小时“坐诊”值班制度、监帮结合，对施工现场的每一个环节严格“把脉”，全方位、全过程管控工程质量，针对工程特点，从源头抓起，把好原材料进场关口，确保只要现场有施工，就有管理人员全程旁站，对重要工序和关键部位更是全程跟踪检查，做到事前有指导，事中有控制，事后有检验，确保项目质量管理水平不断提升，一次交验合格率达到100%。

3. 严格验收标准不退缩

在保节点的过程中，项目监理部始终严把质量关，严格验收标准，面对多重困难和压力，项目监理部没有退缩，把严格响应业主目标作为服务首要原则。确保现场安全施工和高质量产品交付，利用丰富专业经验，与施工单位充分研究，科学修订工程进度计划，确保建设目标合理可行。

4. 24小时“坐诊”值班制度

在施工高峰期，项目监理部大力配合监督验收，激发团队奋战保进度的工作激情，将有限的资源合理分配，最大限度发挥资源的整合利用。监理团队急客户所急，24小时“坐诊”值班制度的实行，不论是在用餐还是夜间休息时，只要现场有需要，立马放下碗筷、打起精神投奔现场作业面，风雨无阻。整个团队从第一天起就同心协力，充分发扬“特别能吃苦、特别能战斗、特别能奉献”的精神，力保每个里程碑节点如期完成。

## 四、监理工作成效

（一）坚守质量管控底线

监理在工程质量管理中有不可替代的作用，因质量管理每道工序、每个检验批都必须由监理人员验收合格后进入下道工序，每个分项工程、分部工程都由多个检验批及工序组成，故监理只要认真把好工序关，努力提升专业知识和专业技能，就一定能控制好各阶段的工程质量。

受目前建筑行业的环境、条件等因素影响，大部分施工单位存在不按设计文件、不按规范施工的情况，作为监理应掌握质量控制的关键节点，利用各种监理手段保证工程质量满足要求。

（二）严控安全防范屏障

监理作为建设工程参建一方，不管是建筑法，还是监理合同的约定，安全管理工作是监理必须认真、仔细进行策划、研究的管理目标，要做到安全可控，必须确保安全规范的执行力，做到安全管控零容忍，安全管理有方向、抓重点、做预防，目前建筑行业监理已经成为工程安全管理不可或缺的一方。

项目安全管理，总监办秉承的一贯作风是全员参与，所有监理人员每日巡视内容清晰，发现违规操作立即阻止，并向安全主管汇报，确保及时消除隐患。监理固定每周召开安全例会，参与安全交底，发放安全指令单。

（三）动态高效协调机制

组织协调工作分为与施工单位的管理协调工作，与建设单位、设计单位、勘察单位、政府建设主管部门的相关协调工作；协调工作对工程进展有辅助作用，监理人员应认真培养协调能力，对监理工作的顺利完成能起到积极作用。

由施工单位每周梳理需要协调和解决的问题，在工程例会上列为专项，分析对口责任单位及人员，限时跟进解决；同时实施两级警报制度，影响本道工序及下一步工序，两级都要提前发出预警。

（四）合理稳步，适度推进

监理项目部认真审核施工单位的总进度计划、各阶段的进度计划，分析各阶段进度的实施情况，及时快速地找出制约进度的因素，提出解决进度滞后的方法与建议措施。监理每周对进度的关键线路均有分析，采取的措施均有方案，故总工期满足合同要求。

（五）重合同，控投资

合同管理工作可使工程各专业在程序性上合法、合规，有利于各项工作的开展，监理对于各专业分包单位的合同签订有监督总包及时落实的权力。

项目分包专业多，监理项目部认真梳理后要求总包及时落实相关分包单位合同的签订。

工程建设资金的落实直接影响工程进展，监理对于工程款项的审核工作可以保证资金的有效利用，保证工程进度款的支付有据可依，满足合同约定条款要求。

施工单位对每阶段的进度款项申请均想多申请、早拿钱，但现场监理必须严格做好监督工作，确保项目进度款项与实际进度相匹配，保证满足合同要求。

## 结语

自2020年5月20日开工以来，项目累计获央视报道7次，人民日报、省部级、行业主流媒体报道163次，累计接待各级观摩学习群体30余次。项目于2021年6月30日具备通车条件，7月初实现通车。全线12.8km，施工历时406天，圆满完成建设单位的工期要求，实现了项目建设的预期目标，受到临港新片区管委会的高度认可。

项目最终荣获“鲁班奖”，总监理代表戴卫惠在2020年荣获临港片区立功竞赛先进个人，这展现了三凯“特别能吃苦、特别能战斗、特别能奉献”的精神，既是对项目团队的肯定，也是给公司管理团队的一剂强心针，它代表着公司逐步向国家一流靠近，也代表着公司工程质量进入了新的篇章，踏入高标准、高要求的另一个新的起始点及新征程。

未来，三凯人将继续控安全、铸优质，立口碑、树品牌，始终秉持“质量第一、服务至上、持续改进、争创一流”的服务理念，夯实安全、质量基础管理，确保项目平安稳定，树立企业形象、争创优质工程，为企业高质量发展保驾护航。

# 项目管理公司“两平台一中心”的信息化管理新模式

刘志东
吉林梦溪工程管理有限公司

**摘　要：**吉林梦溪工程管理有限公司是集项目管理、工程监理、设备监理、安全咨询、造价咨询、招标代理等业务为一体的多元化大型工程项目管理公司。公司始终坚持以创新为第一驱动力的发展理念，不断探索数字化在项目管理及工程监理业务上的应用，以数字化平台的建设和应用，推进公司高质量发展。2019年以来，公司以项目管理信息平台为数据核心，搭建了项目监督管理控制中心、炼化项目信息平台和设备监理信息平台三位一体、数据互联互通的炼化项目管理信息子系统，形成了“两平台一中心”的信息化管理新模式。

**关键词：**平台框架设计；炼化平台；数字化平台

## 一、数字化平台的建设

为了适应行业发展，提升管理效能和监管质量，从2019年开始，梦溪公司以项目管理信息平台为数据核心，组织中油瑞飞公司共同搭建了项目监督管理控制中心（以下简称“监管诊断中心”）、炼化项目信息平台（以下简称“炼化平台”）和设备监理信息平台（以下简称“设备平台”）三位一体、数据互联互通的炼化项目管理信息子系统，形成了“两平台一中心”的数字化管理新模式。

在平台建设初期，为了能够通过数字化手段，有效为项目建设赋能，公司组织各专业骨干人员成立信息中心，全程参与平台框架设计，保证平台具备功能完善、贴合实际、简单易行、高效稳定等特点，为后期平台应用实现组织关系在线化、业务流程数字化、远程监管可视化、决策预警智能化奠定良好基础。

## 二、数字化平台简介

（一）炼化工程项目管理平台

炼化平台设计构思融入了建设单位业务需求、监理单位工作内容、承包商自主管理，功能涵盖了项目信息管理、管理文件、进度管理、质量管理、HSE管理、合同管理、设计管理、采购管理、不符合项管理、资源管理、项目监管等12项功能模块（图1），138项应用功能。功能完备，涵盖项目建设全过程、全要素。以项目管理为中心，跨组织、跨团队、跨专业、跨层级，高效协作、协同统一，显著提高沟通协调效率。

有效解决工程建设过程管理界面多、进度影响因素复杂、工程质量要求高、安全管理难度大、项目统计量大、信息传递不及时、工程资料同步性差、业务审批流程多等诸多问题。优化管理界面和工作流程，在线链接项目业主、监理、总承包、分包单位。业主与项目管理团队、承包单位等参建各方在组织策划、过程管理、工作协同等方面深度融合，创新管理手段，改变工作方式，提升管理价值。

以项目管理信息平台为数据核心，搭建监管中心、炼化平台和设备平台三位一体互联互通的炼化项目管理子系统，各平台系统互相融合，数据同步，互通共享，避免形成数据孤岛。通过智能汇总分析炼化平台、设备平台的支持性基础数据，自动识别管理要点，预警管理风险，通过信息化平台开展决策调控、风险预警。

（二）设备平台

设备平台根据设备监理业务特点和工作模式，同时参考结合炼化平台、设备平台共设置 11 项主功能模块，包含信息管理、资源管理、项目执行管理、不符合项、知识共享、动态监控、专家在线、履职考评、项目监管等（图 2）。

自平台上线以来，在梦溪公司设备监造项目上全面推广应用，助力项目执行。平台实现了人员手机端考勤打卡、项目部考勤自动生成和员工健康监控等功能。在人员调配方面，实现了线上人员需求计划报批和人员撤离计划的自动生成。开发了以任务单为龙头的监造业务信息化管理，实行线上任务单派发和接收，同时以任务单为单位集成了监造项目资料。

设备监理平台还有效地利用其业务特点进行深度探索发掘。通过对制造厂（承包商）的监造活动，完成数据积累，逐步形成对国内各类设备供应商的质量评价，形成一套监理对制造厂的能力评价体系，以此作为卖点，占据信息化监造业务市场。

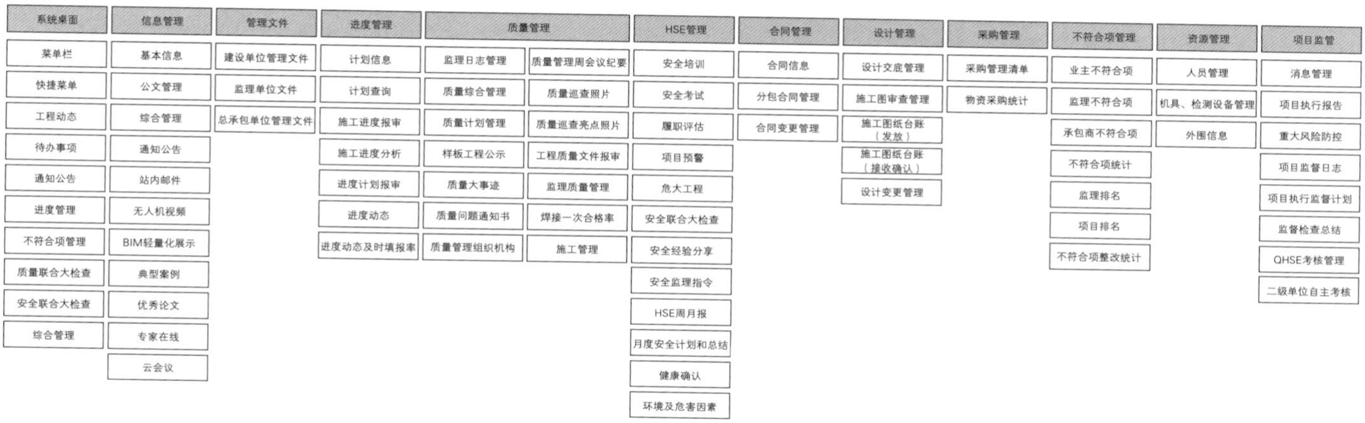

系统桌面
菜单栏
快捷菜单
工程动态
待办事项
通知公告
进度管理
不符合项管理
质量联合大检查
安全联合大检查
综合管理

信息管理
基本信息
公文管理
综合管理
通知公告
站内邮件
无人机视频
BIM轻量化展示
典型案例
优秀论文
专家在线
云会议

管理文件
建设单位管理文件
监理单位文件
总承包单位管理文件

进度管理
计划信息
计划查询
施工进度报审
施工进度分析
进度计划报审
进度动态
进度动态及时填报率

质量管理
监理日志管理
质量综合管理
质量计划管理
样板工程公示
质量大事迹
质量问题通知书
质量管理组织机构
质量管理周会议纪要
质量巡查照片
质量巡查亮点照片
工程质量文件报审
监理质量管理
焊接一次合格率
施工管理

HSE管理
安全培训
安全考试
履职评估
项目预警
危大工程
安全联合大检查
安全经验分享
安全监理指令
HSE周月报
月度安全计划和总结
健康确认
环境及危害因素

合同管理
合同信息
分包合同管理
合同变更管理

设计管理
设计交底管理
施工图审查管理
施工图纸台账（发放）
施工图纸台账（接收确认）
设计变更管理

采购管理
采购管理清单
物资采购统计

不符合项管理
业主不符合项
监理不符合项
承包商不符合项
不符合项统计
监理排名
项目排名
不符合项整改统计

资源管理
人员管理
机具、检测设备管理
外围信息

项目监管
消息管理
项目执行报告
重大风险防控
项目监督日志
项目执行监督计划
监督检查总结
QHSE考核管理
二级单位自主考核

图1　12项功能模块

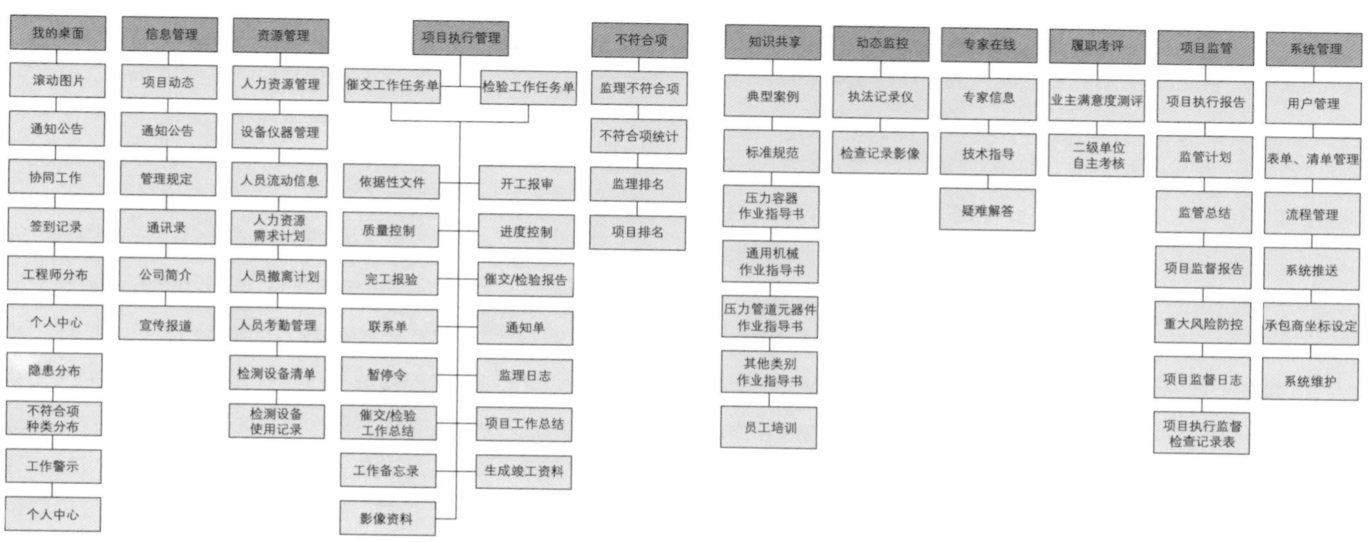


图2　11项主功能模块

设备监理平台构建数字化、可视化、自动化、智能化、标准化的设备监理项目管控体系，实现过程监管、数据汇聚、任务协同、决策调控、风险预警，不断提升管理效率和管理价值，为项目监管提供了强有力的技术支撑及信息安全保障。推动项目设备监理服务水平整体提升。

（三）项目执行监管诊断中心

监管诊断中心围绕项目分级监管、远程动态监控、态势感知、专家在线服务、一对多互动管理、监督管控承包商、考核评价项目管理人员 7 项核心功能，构建了项目地图、远程监控、专家在线、资源管理、履职考评、项目监管、质量管理、安全管理、进度管理、态势感知 10 项主要功能，打造公司生产运行平台的重要组成部分和可视化的展示模块。

“项目执行监管诊断中心”建设是 2020 年公司“深化创新驱动，助力管理提升”四项重点工作之一，也是公司创新引领，辐射带动，全力加快提质增效步伐的重要举措。

“项目执行监管诊断中心”的建设理念是打造公司生产运行平台的重要组成部分和可视化展示模块，创新管理手段，改变工作方式，提升管理价值，形成技术优势和特色管理，成为公司的核心技术利器，为今后的市场开拓、项目管理提供最有价值的支撑，创建公司经济创新的增长点。

通过建设并应用“项目执行监管诊断中心”系统，深度应用互联物联网、大数据等信息技术，搭载无人机、执法仪、摄像头等智能互联设备，结合大数据分析，自动识别管理要点，预警管理风险，实现数据汇聚、任务协同、决策调控、风险预警等功能。

通过远程实时动态监管和远程“精准督导”的信息化手段，对现场承包商远程实施动态监管控制，对项目管理人员履职尽责进行全面考评，实现现场工作安全系数高、工作效率高、管理成本低的“两高一低”目标。

经过精心策划和设计，“项目执行监管诊断中心”使用 4 种硬件设备，采用 6 种技术手段，实现 7 个核心功能、28 项主要功能，可适应中油内外网络两种环境。

## 三、数字化技术应用及取得的成果

（一）培养数字化平台建设人才

公司选派各专业骨干人员参与平台设计工作，在业务提升的同时提高数字化建设能力，将项目管理、监理工作与平台功能设计进行结合，既保证了平台适用性，又培养出一批优秀的平台开发人才，为后续平台开发及应用提供扎实的组织基础。

（二）平台应用获业主认可

目前项目管理平台共运行项目 96 个，系统内外累计 465 个承包商项目部应用，真正做到共建共享，收到兰州石化、辽阳石化、吉林石化、独山子石化、广东石化、辽宁宝来、浙江德荣等 7 家业主单位信息化专项感谢信，对公司提供的信息化服务予以高度认可。集团公司党组副书记、安全总监段良伟对公司塔里木乙烷制乙烯项目建设采用“无人机 + 现场固定摄像头 + 移动视频安全帽”的方式，实现多角度、全方位的常态化监督检查工作予以肯定，并表示各地也应多借鉴学习此类科技“兴”安举措，牢牢守住安全底线。

（三）远程监管助力项目平稳运行

疫情期间，公司利用数字化平台开展多次体系审核工作，同时通过使用项目执行监管诊断中心，对工程项目进行实时监控。通过无人机、执法仪、摄像头等智能互联设备，采用全景影像制作技术、4G 图传技术，通过云平台、可视化指挥调度系统，构建全方位、全过程、全覆盖的动态监控、在线直播的远程动态监控系统。同时，利用 CPMC 云会议系统现场加强人员培训和管理，公司提供专家一对一、一对多在线服务和专家群会诊功能。实现核心功能“分级监管”“专家在线服务”“一对多互动管理”。通过数字化技术的应用，有效地保证了疫情期间的项目监管工作，确保项目安全、平稳、有序推进。

（四）管理创新效果卓著

公司将平台应用与管理创新紧密结合，管理创新课题“以炼化项目管理信息平台提升工程项目管理效能的创新与实践”，被推荐为中油工程级别课题，进行立项研究，目前已经顺利通过验收并获得了项目管理公司管理创新成果二等奖。

（五）创新推动公司高质量发展

公司将科研课题与数字化开发紧密结合，根据课题研发需要，不断完善平台功能，目前已成功申报 33 项软件著作权，并于 2022 年顺利通过国家高新技术企业认证，企业形象得到提升。

（六）数字化技术获得社会好评

公司数字化技术的推广，得到了政府相关单位的高度认可，公司配合吉林市监理协会开发的“建设工程监理人员教育培训平台”于 2023 年 3 月 15 日正式上线运行，助力吉林市建设监理协会扎实开展监理从业人员能力评估、网络培训等工作，加快高水平监理从业人员队伍建设，推动监理行业持续健康发展。2023 年，吉林省建设监理协会组织省内各监理单位赴公司进行数字化技术专项交流，取得了很好的推广效果；大庆市住房城乡建设局对公司无人机技术在龙江化工项目上的应用给予高度认可，要求在全市在建项目范围内进行推广。

## 四、数字化技术未来发展规划

（一）推进经营平台开发工作

为提升公司整体经营水平，提高项目成本管控力度，公司已开始开发数字化项目经营管理平台，目前该平台正处于开发阶段。该系统以合同为基础，针对合同运行状态，实时录入项目资源投入、收入回款情况以及项目成本等数据，实现对合同、资源、资金、成本的全链条管理，进而通过数据比对及时进行经营风险预警。针对各部室出现的数据统计口径不统一的问题，通过平台实现各部室业务联动，保证各部室统计口径一致，提高经营数据准确性；同时可以通过平台实现各类资源的统筹调配，提高公司整体经营和管理水平。经营平台除对公司管理有提升外，还能提高项目负责人对项目经营情况的管控，可通过平台实时掌握项目经营水平并收到预警，及时针对经营状态调整项目执行策略，当平台在全公司推广后，能够提高公司经营水平。

（二）加速实现核心技术数字化转化

梦溪公司自主研发具有企业自身特色的作业指导文件，覆盖了项目管理、工程监理、设备监造、安全监督咨询和检维修服务等各项公司主营业务，在公司发展过程中起到了重要作用。

为了满足炼油化工装置日趋增长的高质量建设需要，同时更好地发挥公司核心技术优势，在下一步开发过程中，要立足公司发展需要，对现有指导文件进行数字化转化，以手机 App 与数字化平台相结合的方式进行开发应用。

（三）构建可视化项目管理

近年来，国内工程建设项目管理在数字化进程中作出了大量探索，通过图形、报表、数据、数字化交付等方式来对项目管理过程中的进度、施工、安全等进行标识的可视化技术已接近成熟。大型工程建设项目的三维模型展示、数字孪生等可视化手段也逐渐应用到项目管理过程中，但是，目前的项目建设可视化应用往往停留在项目前期的预览、竣工后的展示、应用前的培训等表层阶段。而对于项目建设过程中的应用与融合还需要进一步探索。梦溪公司将应用开发在工程项目建设过程中融入实时的三维模型展示，与费用、进度、设计、质量、安全、施工管理模块等进行有效结合，使项目管理过程更加清晰直观、项目工期进度更加可视可控。

（四）深化、扩充态势感知识别库

态势感知是一种基于环境的，动态、整体地洞悉安全风险的能力，是以安全大数据为基础，从全局视角提升对安全威胁的发现识别、理解分析、响应处置能力的一种方式，最终是为了决策与行动，是安全能力的落地。

运用人工智能图像识别、神经网络深度学习技术，对无人机等采集的影像进行智能分析和识别。目前梦溪公司拥有 13 种违章识别模型，将继续使用 python+pytorch+yolov5+GPU 技术训练更多适合工程建设领域隐患识别的模型。

持续深挖数字化技术在高质量发展中的作用。一方面，要认识到数字化技术在公司管理上的作用，通过“制度—平台”联动的管理模式，持续提高公司管理质量，推动管理精细化。另一方面，要认识到数字化技术对项目管理的巨大作用，通过“产学研”校企联合开发等方式，深挖数字化技术潜力，进一步发挥数字化设备监管优势，为项目高质量建设赋能。

AI 构建“工建大模型”。公司采用自主及合作方式开发“工建大模型”。通过模拟实际施工过程，可以帮助团队更好地了解每个阶段的任务和时间表，更好地规划和管理进度。通过模拟实际的施工过程，可以帮助安全管理人员更好地了解可能存在的安全隐患，并采取相应的安全措施。通过模拟实际的施工过程，可以帮助工程师和质检员更好地了解每个阶段的质量要求和标准，并更好地进行质量控制。通过模拟实际的施工过程，可以帮助财务人员更好地了解每个阶段的任务和费用，并更好地进行成本管理和控制。通过共享一个大模型，团队成员可以更好地沟通和协作，共同推进工程进展。

# 智能化检测和监控系统在建筑工程中的应用

高雄健
西安高新矩一建设管理股份有限公司

**摘 要：** 智能建筑的历史可以追溯到20世纪60年代。当时，美国麻省理工学院的研究人员开始探索计算机如何在建筑设计和管理中发挥作用。70年代，建筑业开始应用微处理器控制系统，以实现一定程度上的自动化控制和管理。随着计算机技术的飞速发展，智能建筑逐渐成为现实。本文介绍了智能化检测和监控系统在建筑工程实体中的应用，通过对现有技术的研究和案例分析，探讨了智能化检测和监控系统的基本原理、组成结构以及应用场景。在此基础上，结合真实的案例，详细描述了智能化检测和监控系统的设计、安装和运行过程，并分析了其效果和优势。最后，提出了智能化检测和监控系统在未来的发展方向和应用前景。

**关键词：** 智能化检测；监控系统；建筑工程；应用

## 前言

随着社会的不断发展和科技的不断进步，人们对建筑工程质量的要求越来越高。然而，由于建筑工程本身的复杂性和施工过程中的各种不确定因素，如何保证建筑工程的质量和安全一直是一个难题。传统的检测方法往往需要大量的人力和物力，且存在人为主观性和局限性。因此，智能化检测和监控系统的出现为解决这一问题提供了新的思路和方法。

智能化检测和监控系统是一种基于物联网、云计算、大数据等新兴技术的智慧平台。它通过对建筑工程实体进行多维度、全方位的实时检测和监控，能够及时发现和预警建筑工程中的潜在问题，提高建筑工程的质量和安全。本文将介绍智能化检测和监控系统在建筑工程中的应用。

## 一、智能化检测和监控系统的基本原理和组成结构

### （一）基本原理

智能化检测和监控系统的基本原理是通过传感器和数据采集设备对建筑工程实体进行实时的多维度、全方位的监测和数据采集，然后将采集到的数据传输到云端服务器进行处理和分析，最后通过数据可视化的方式呈现给用户。其中，传感器和数据采集设备是智能化检测和监控系统的核心组成部分，它们可以采集建筑物的结构、机电设备、环境等多个方面的数据，并将数据传输到云端服务器进行处理和分析。云端服务器通过分析能够及时发现和预警建筑工程中的潜在问题，提高建筑工程的质量和安全。

### （二）组成结构

智能化检测和监控系统的组成结构主要包括传感器、数据采集设备、云端服务器和用户端。

## 二、智能化检测和监控系统在建筑工程实体中的应用场景

### （一）建筑物结构监测

智能化检测和监控系统可以通过传感器和数据采集设备对建筑物的结构进

行监测，包括建筑物的变形、裂缝、渗漏、位移等方面。通过对这些数据的采集和分析，可以及时发现建筑物的结构问题，并进行相应的修补和改进。

（二）机电设备监测

智能化检测和监控系统可以对建筑物的机电设备进行实时监测和数据采集，包括空调、电梯、给水排水等方面。通过对这些数据的采集和分析，可以及时发现机电设备的故障和问题，并进行相应的维修和保养。

（三）环境监测

智能化检测和监控系统可以对建筑物的环境进行实时监测和数据采集，包括温度、湿度、$CO_2$ 等方面。通过对这些数据的采集和分析，可以及时发现环境问题，并进行相应的调整和优化。

（四）安全行为监测

智能化检测和监控系统可以利用目标识别技术，以安全帽识别和违规行为识别等作为研究对象，并利用 BIM 平台，构建安全管理模型，加强对现场施工人员行为的安全识别管理能力，为人员安全提供技术保障。

## 三、智能化检测和监控系统的应用案例

（一）案例描述

案例一：FGM 技术在南京某项目的应用。通过在地下连续墙内、外侧放置电极的方式检测地下连续墙渗漏点，即在基坑外侧放置发射电极（正极），在基坑内侧放置接收电极（负极），在基坑内靠近地下连续墙区域内放置检测传感器（FGM 传感器）。基坑外部观测井中布设发射电极产生矢量电场；对于每个测量场布设一个位于基坑内不同表面位置的可移动负极，使其形成强制电场以几何方向进入基坑内部的测量区域。若地下连续墙存在渗漏点，传感器检测到的电场与其他电场将有所不同，故可作出判断。此技术在富水区深基坑工程中能得到推广应用。

案例二：密实度雷达检测、雷达侧厚技术在道路摊铺中的应用。通过搭建碾压模型，将施工区域进行网格化划分，反馈密实度轮迹的实时状态，闭环调节碾压遍数、振动频率、振动幅度，实现最佳的压实次数，确保工程质量；利用电磁波对地表的穿透能力，从地表向下发射某种形式的电磁波。电磁波在地下介质中传播，通过高灵敏度接收反射回波信号，并依据时延、波形及频谱特性变化解析出目标深度、介质结构及性质等重要信息。

案例三：基于 KanBIM 和物联网技术的电力工程现场安全行为识别方法在某电力工程中应用。利用目标识别技术，有效识别现场工人的位置信息、着装信息、操作信息等。及时发现施工过程中的违规和安全隐患问题，对这些行为加以示警，防患于未然，有效确保施工现场的人员生命安全。以安全帽为例，在安全帽的识别方面，对于数据集的建立，需要采集足够多的图像，该案例共采集 7662 张图像，通过 RFID、BIM 及物联网通信技术，可以把工人安全帽佩戴是否正确、着装是否规范等反映到统一的平台中，及时通知、及时处理、及时纠正。对于现场工人的其他不规范操作，同样需要采集足够多的图像，如玩手机、注意力不集中等行为，同样可以通过视频监控加以识别，通过示警、通告等方式，及时加以教育和纠正，提高整个现场的管理效率。

案例四：数字化混合现实技术在建筑机电运维中的应用。以上海市某既有建筑机电运维项目为例，在形成的数字化运维标准中包含对构件属性的定义，不同信息的录入格式要求以及各建筑阶段的信息交付要求等。同时形成了设备属性模板，录入信息包含设计图纸、设备型号、制造商、产品说明、维修记录等信息。

在 Unity3D 开发模块中，将轻量化处理后的三维模型文件导入 Unity3D 中，在软件内设置特定参数，搭建混合现实环境，利用编程实现功能动作以及数据库接口。常用的混合现实方法，需在现场增设二维码，通过扫描二维码实现空间锚点的重合，而在实际运维项目工作中，二维码装置容易移动、损坏及丢失。为了保证可持续的辅助运维工作，该项目利用 Vuforia Area Target 工具，一种面向目标区域的识别捕捉具体应用技术，对现场环境进行扫描，通过世界坐标与相机坐标系位置关系匹配虚实环境坐标系，维修人员手持移动端设备扫描现场环境，即可获取隐蔽的机电管线的位置及信息，采用标准的色卡区分不同专业，辅助制定维修方案。

（二）效果和优势分析

通过对上述案例的实施和运行情况进行分析，可以得出以下结论。

1. 提高了建筑工程的质量和安全性

智能化检测和监控系统能够及时发现和预警建筑工程中的潜在问题，提高建筑工程的质量和安全性。在案例中，系统能够及时发现建筑物的结构问题和机电设备故障，并进行相应的修补和改进，保证了建筑工程的质量和安全性。

2. 降低了人力和物力成本

传统的检测方法需要大量的人力和

物力，且存在人为主观性和局限性。而智能化检测和监控系统可以实现全方位、多维度实时监测和数据采集，大大降低了人力和物力成本。

3. 提高了工作效率和管理水平

智能化检测和监控系统能够实现实时监测和数据采集，大大提高了工作效率和管理水平。在案例中，系统能够对建筑工程进行全方位监控和管理，为项目管理提供了有力的支持。

## 四、智能化检测和监控系统的发展方向和应用前景

智能化检测和监控系统在建筑工程实体中的应用前景非常广阔。随着物联网、云计算、大数据等新兴技术的不断发展和应用，智能化检测和监控系统将会越来越成熟和完善。未来，智能化检测和监控系统将会在以下几个方面得到进一步的发展。

1. 多维度、全方位监测和数据采集。随着传感器技术的不断发展和成熟，智能化检测和监控系统将会实现更多维度、更全方位的监测和数据采集，包括声音、光线、气味等多个方面。

2. 数据处理和分析的智能化和自动化。随着人工智能等技术的不断发展和应用，智能化检测和监控系统将会实现数据处理和分析的智能化和自动化，能够更加快速和准确地发现和预警建筑工程中的潜在问题。

3. 可视化展示和智能决策支持。随着数据可视化技术和决策支持技术的不断发展和应用，智能化检测和监控系统将会实现更加直观、易于理解的数据展示和智能化决策支持，为用户提供更加全面、准确的信息支持。

## 结论

本文介绍了智能化检测和监控系统在建筑工程实体中的应用，并通过真实案例的设计和实现过程，详细描述了智能化检测和监控系统的效果和优势。最后，提出了智能化检测和监控系统在未来的发展方向和应用前景。智能化检测和监控系统作为一种新兴技术，将会对建筑工程未来发展产生深远的意义。

### 参考文献

[1] 郭潇．苏州高新园区智慧城市建设研究[D]．成都：西南财经大学，2020．
[2] 胡增绪．FGM 技术在地下连续墙渗漏水检测中的应用[J]．建筑安全，2023（2）：70–72．
[3] 贾云博，等．基于 KanBIM 和物联网技术的电力工程现场安全行为识别方法研究[J]．工程管理学报，2022，36（5）：154–158．
[4] 朱然，等．超薄罩面无人摊铺碾压技术应用[J]．建筑机械，2023（2）：12–16．
[5] 凌瑞．数字化混合现实技术在历史建筑机电运维中的应用[J]．绿色建筑，2023（1）：71–73．

# 基于ChatGPT和深度学习的智慧监理系统设计与研究

龚平 崔昊 蔡杰 张晨
中邮通建设咨询有限公司

**摘　要：**数字经济时代的到来推动着传统工程监理企业加快转型，不断提升核心竞争力。本文以深度学习中的目标检测算法为基础，结合ChatGPT技术，详细介绍了智慧监理系统的设计与构建方法，整体上通过数字化手段为企业实现管理增效和一线赋能两大目标。

**关键词：**工程监理；ChatGPT；深度学习；自动审核

## 一、研究背景

工程监理制是我国工程建设的一项基本制度，是工程管理的重要手段。随着云计算、BIM、AI等新兴技术在建筑行业的快速应用，建设行政主管部门、行业协会、业主和监理企业对现场监理服务能力的期望越来越高，传统的工程监理服务模式很难满足社会各方日益增长的工程监理服务需求。典型的问题包括：员工层面，由于技术能力一般不知道现场监理工作如何开展；管理层面，缺乏信息化的手段掌握项目的质量、安全、进度情况；客户层面，无法了解整个项目实时状况，感受不到监理工作的价值。因此，广大监理企业想要保持可持续发展，需要围绕自己的核心业务，加大研发投入和数字化转型建设，提高自身的核心竞争力。

智慧监理系统，是一种基于移动互联网和AI技术，可以实现项目自动分解、自动派发，实现监理在线求助、在线AI审核等功能的智能信息系统。它在传统的基于B/S架构的监理信息管理基础上增加智能模块，通过深度学习算法自动分析监理照片来替代传统机械的人工审核模式，全面提升监理现场工作效率和监理服务能力。它不仅能使广大监理企业达到节能增效的目的，还能将总监从一些事务性的工作中释放出来，让他们聚焦于更有价值的工作，为公司进一步提升效能。

## 二、智慧监理系统关键技术

该系统使用的关键技术主要有深度学习、目标检测、ChatGPT等。

深度学习（deep learning）通过模仿人脑神经系统结构及信息处理机制，让计算机从大量数据中学习规律和特征，并据此做出预测和判断。它通常包含输入层、隐藏层和输出层，每一层由大量节点（又称神经元）组成，每个节点均有输入与输出，节点之间通过权重相连接，根据输入和权重计算输出。它可以处理大量数据和高复杂度的问题，目前在图像识别、语音识别、自然语言处理及推荐系统等领域有着广泛的应用。其主要优势在于能够自动学习和提取特征，不需要手工设计特征，从而大大提高了数据处理效率和准确性。

目标检测（object detection）技术通过在判别图片中检测出目标类别，使用矩形边界框来确立目标的所在位置及大小，并给出相应的置信度，是计算机视觉（CV）领域中最基本、最具有挑战性的研究课题之一。2012年卷积网络（Regions with CNN Features，简称R-CNN）的应用使得图像分类效果大大提高，随后深度学习与目标检测任务的结合使得目标检测领域开始迅速发展，并在实践中得到广泛应用。目前主流的目标检测算法分为单阶段和双阶段检测两类，该模型采用单阶段检测算法Yolo。

Yolo目标检测算法诞生于2015年，有着“高精度、高实用性”的特征。它将原始图片分为N个网格，给网格评分后，通过Softmax以及线性回归器寻找IOU值最大的候选框，从而得出检测结果。

ChatGPT基于深度学习和自然语言处理技术，使用大规模的语料库和神经网络模型，通过对大量语言数据的学习和训练，来生成高质量的自然语言文本及回答各种问题。它由2022年11月30日美国人工智能研究实验室OpenAI公司发布，产品一经推出就在社会上引起了极大反响。作为信息技术人造物（IT artifact），ChatGPT被认为是人工智能生成内容（artificial intelligence generated content，简称AIGC）的一种应用升级，在智能问答、信息抽取、自动摘要、语言润色等场景均有不俗表现，拓展了人们获取和使用网络信息资源的广度、深度和复杂度。

## 三、智慧监理系统核心模块设计

### （一）项目管理模块

主要分为PC端和手机端两个部分。在PC端，系统管理员通过导入建设工程多个专业的施工质量控制点，实现质量控制点示例照片编辑、操作步骤编辑、帮助视频的实时录制；项目负责人通过PC端登录后，录入实际的工程项目，通过对项目特点与对应的专业模板进行匹配，匹配完毕后指定执行该项目的监理员。如针对“南京鼓楼区5G安装工程B0001”，进行模板匹配后将自动分解为“施工准备”“开箱验货”“光缆布放”“光缆测试”“完工检测”等步骤。在手机端，一线监理员登录后可以及时查看项目负责人分派的任务信息，打开对应的任务，通过查看操作步骤、示例图片、帮助说明，执行现场监理工作。由于操作指引和步骤非常清晰，大大降低了工作难度。

在单个项目的管理方面，提供折线图、柱状图、雷达图、饼状图、仪表盘UI样式对项目的进度进行展示。当出现进度延期时，总监可以通过邮件通知、短信通知、站内消息通知等方式及时通知责任人加快项目进度。

### （二）考勤管理模块

为便于一线人员的有效管控，系统设计了考勤管理功能。系统管理员先在系统中设计好一个打卡班次，如设置打卡时间段为8：30—17：30，然后通过在线高德地图点选对应的打卡位置，配置好打卡范围如1000m，则一线人员在指定点1000m范围内打卡均为有效。晚于8：30打卡则提示“迟到”，早于17：30打卡则为“早退”，当日未打卡则显示为“旷工”。系统同时提供报表导出功能，考勤管理员可从后台批量导出某月所有员工每日的打卡情况，包括当日考勤状况、打卡地点等。

### （三）监理日志模块

系统根据一线监理员每日的工作完成情况，先自动生成一份基本的监理日志，如今天去过多少站点，每个站点的工作完成情况。完毕后，自动将该内容推送到人员手机App上。监理员在快要下班时，对自动生成内容进行审核校验及补充，确认无误后提交系统，此时则自动生成一份监理日志。

### （四）通讯录模块

为方便公司内部人员的沟通或在线求助，可通过该模块查找到人员联系方式进行电话拨打或发送短信。支持按部门进行人员显示，支持自定义人员排序，支持基于模糊匹配、部分拼音匹配或首字母匹配的人员查找。

## 四、智慧监理自动审核系统

### （一）算法总体设计

一线监理工程到达现场后按照工程监理要求执行对应的检查，完毕后通过手机App进行拍照；照片返回至智慧监理AI识别后台进行分析，若AI审核通过则该项工作完成；若AI审核不通过，则将该照片发往至人工审核中心，由公司资深专家团队进行审核；若依然不通过，则该监理工程师本次任务执行失败。同时，在任务执行中若有知识盲区，可使用基于ChatGPT的智能机器人进行在线求助。算法总体设计思想如图1所示。

智慧监理AI审核中心先后进行三个部分的自动识别，即基础识别服务、安全识别服务、质量识别服务。当监理员通过App提交照片后，后台服务先调用基础的识别服务，如判断其是否为虚假拍摄，完毕后再进行安全审核如是否存在危险作业情况，最后进行质量要素检测。只有三项均通过，自动审核模型才会判定监理员的该项操作是合格的。

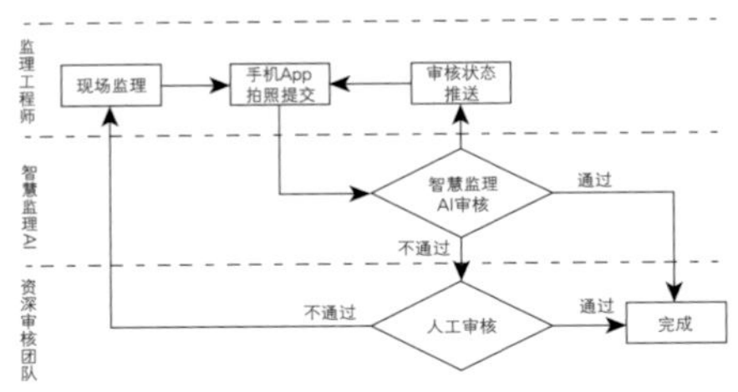


图1　自动审核模型总体设计

（二）基础识别服务

在大量的工程监理实践中，我们发现监理人员存在不去现场而通过对着电脑拍照进行虚假提交的情况，这无疑会大大降低工程监理效果，因此我们将"虚假拍摄识别"列为重点的基础服务类型。如下为几例典型的虚假拍摄情景（图2）：

第一类虚假拍摄的照片非常清晰，但仔细观察发现会有室内灯、人物阴影等不符合常理的形状出现，判定为虚假拍摄；第二类图片有明显的电脑黑边，判定为虚假拍摄；第三类图片在放大后，发现有细微的条状波纹，判定为虚假拍摄。针对前两类场景，我们通过收集大量正反照片进行深度学习训练后可进行有效判别；而第三类则需要使用摩尔纹检测算法进行判别。

摩尔纹是一种常出现在数码照相机或者扫描仪等设备上，当感光元件像素的空间频率与影像中条纹的空间频率接近时，会出现一种使图片呈现彩色的高频率不规则的条纹。当图片出现人眼可以辨别的摩尔纹时，对图片进行预处理，采用拉普拉斯边缘检测算法提取摩尔纹，使得摩尔纹在原有图片中更明显，再利用深度学习模型VGG16进行学习训练；当拍摄者对着4K高清屏拍摄且距离较近时，基本不会有摩尔纹现象，用手机对着4k屏幕拍摄的照片基本不会有明显的人眼可辨别摩尔纹现象，此时采用小波变换获取图像中的高频特征，再利用深度学习模型VGG16进行特征学习训练。

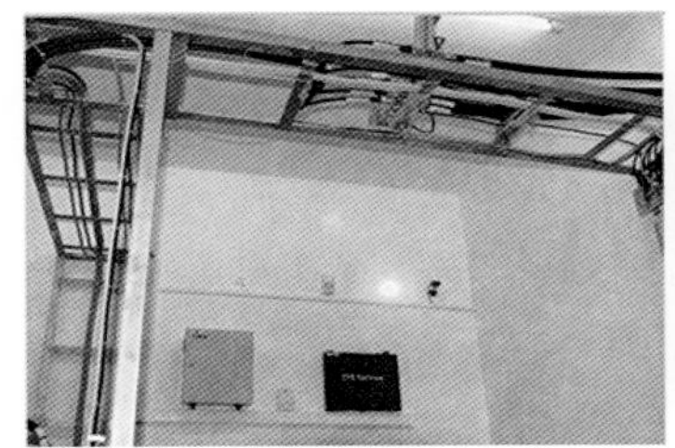
正中有室内灯，为虚假拍摄

带有明显的电脑边框

图片放大后有波纹

图2　典型的虚假拍摄场景

（三）安全识别服务

主要进行四种常规的安全检测：安全帽佩戴、反光衣穿戴、警示标志摆放检测、人梯作业检测。前三种均通过基于深度学习的目标检测算法来判别，这里重点介绍人梯作业检测算法。

该算法先判断梯子所在的垂直空间域中是否存在至少2个施工人员，如发现为单人则直接判断为危险源，触发安全告警。完毕后，进行"人梯姿态识别"。具体算法步骤为：①利用COCO数据集预训练的目标检测识别施工人员，形成施工人员数据集；②手工对施工人员数据集进行姿态点标注，形成施工人员姿态数据集；③将施工人员姿态数据集和MPII数据集作为训练集，使用Yolo算法进行姿态识别模型训练。人梯姿态识别结果分别为"人梯姿态正常""人梯姿态异常""人梯姿态无法识别"，针对后两种场景直接触发安全告警。

（四）质量识别服务

监理员到达现场后按照工作要求进行质量检查，如在通信工程监理中，当光缆铺设完毕后需要进行"管道试通"表单的检查。对应的检查要点有：①检查是否为"管道试通"表单；②检查是否有"手写签名"；③检查是否存在"试通记录"。将这些质量要素视为一个个的质量控制点，只有当每个质量控制点均合格，该项质量检查工作才算合格。针对这三个质量控制点，均可采用基于深度学习的目标检测算法进行质量判定。

在"手写签名"的自动判定中，具体如图3所示。

步骤一：通过矩形框检测算法获取表单中的矩形框，并结合一定的条件过滤掉无效的矩形框，如以面积为依据过滤掉小于阈值的矩形框。

步骤二：明确签字框中的关键字，如"签字"，通过文本识别算法识别关键字，并获取关键字外接矩形框的位置坐标。

步骤三：以矩形框的左上角顶点坐标为基准，对步骤一和步骤二中的矩形框进行坐标聚合，即计算二者之间的距离以确定签字框坐标。

步骤四：在步骤三中获取的签字框坐标范围内，采用文本检测算法进行手写签字的检测，确定是否存在手写签字。

传统的手写签名检测算法主要利用openCV、形态学分割、边缘直方图法等传统图像分析类算法。基于深度学习的手写签字检测方法能自动提取图像特征，针对变形、倾斜的文本进行事先矫正。整体上在精度、效率上都优于传统方法，且在复杂背景的情况下，这种优势会更加明显。

（五）智能问答服务

该服务主要基于ChatGPT实现，通过使用Python语言调用openAI接口进行后台交互。在GPT3.5接口中，调用文本时对应的方法为openai.ChatCompletion.create，而调用图像

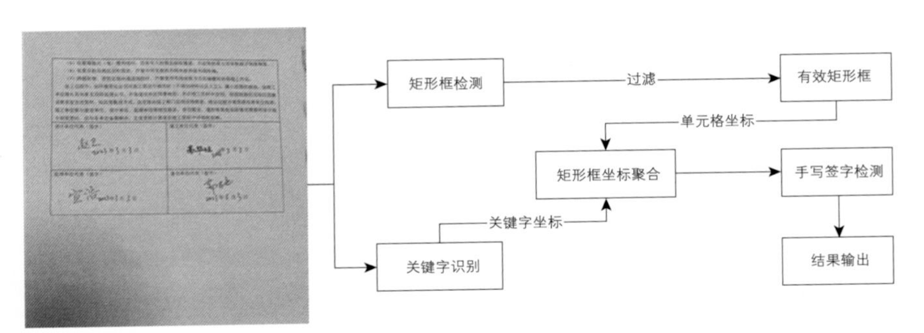


图3 基于深度学习的手写签名检测算法

```
import openai
def _do_send_img(self, query):
    try:
        response = openai.Image.create(
            prompt=query,  # 图片描述
            n=1,  # 每次生成图片的数量
            size="256x256"  # 图片大小,可选有 256x256, 512x512, 1024x1024
        )
        image_url = response['data'][0]['url']
        # 存储图片
        try:
            return self.save_img(image_url)
        except:
            return "提问太快啦，请休息一下再问我吧......"
    except Exception as e:
        # 记录下错误日志
        print(e)
        return "提问太快啦，请休息一下再问我吧"
def _do_send_txt(self, query):
    try:
        response = openai.ChatCompletion.create(
            model="gpt-3.5-turbo",
            messages=[{"role": "user", "content": query}]
        )
    except Exception as e:
        # 记录下错误日志
        print(e)
        return "提问太快啦，请休息一下再问我吧"
    return response["choices"][0].message.content
```

图4 ChatGPT集成算法

方法时对应的方法为 openai.Image.create。整体的伪代码如图 4 所示。

## 五、智慧监理系统应用价值

该系统既是广大工程监理企业进行数字化转型的需要，也是开展多元化经营的重要机遇。监理企业可以借此规范内部的信息化流程，培育一定数量的既懂软件又懂工程监理的复合型人才，对于发展软件监理业务有重要意义。在管理增效和一线赋能方面，各类数据报表可以辅助管理层进行有效决策，考勤系统可以实现人员的精准管控，项目管理系统可以在线展示项目的质量、进度、造价情况，安全检测算法可以减少现场事故发生的概率，整体上实现传统监理企业的数字化效能，增加业主满意度。

基于深度学习的自动审核系统可以替代总监进行照片审核，产生一定的经济价值。假设总监审核一张照片市场价为 1 元，公司每年 1 万个项目，每个项目产生 100 张照片，使用 AI 替代人工审核照片后则每年节省费用为 100 万元，因此，研究该模型的市场前景较大，颇具深入挖掘价值。

# “华筑云”信息化系统开发逻辑的思考与研究

陆远逸

中韬华胜工程科技有限公司

**摘　要：**本文从监理产业链与现状分析了制约信息化建设发展的因素，阐述了监理信息化系统的开发逻辑，揭示了其与企业核心能力、外部环境的关系。

**关键词：**监理信息化；课题研究；开发逻辑

2017 年住房城乡建设部印发《住房城乡建设部关于促进工程监理行业转型升级创新发展的意见》（建市〔2017〕145 号），提出通过加强“依法履责、拓展服务主体范围、创新服务模式、提高核心竞争力、优化市场环境、强化政府及协会监管”等方面，促进工程监理转型升级创新发展。工程监理行业历经若干年转型发展，涌现出一批信息化建设、数字化转型卓有成效的标杆企业，但相较于施工、设计、造价等建筑行业其他板块，整体信息化水平仍然不高。

笔者鉴于当前监理行业信息化建设现状，结合自身信息化建设从课题研究与产品研发入手的实际情况，提出“研发 + 设计 + 开发 + 服务”的信息化系统开发逻辑，以期对监理企业走实信息化建设之路、实现转型升级创新发展的高质量目标有一定的借鉴作用。

## 一、监理信息化建设发展的制约因素

笔者所在团队近几年与 30 余家企业交流信息化建设经验，既包括行业内标杆咨询企业，施工、设计、造价等建筑领域企业，也包括联想大数据中心等 IT 企业和高等院校。结合这些交流经历与笔者带领团队走企业自主研发、系统开发之路所遇到的困难，笔者认为主要有三个制约因素影响监理信息化建设发展。

### （一）监理业务产业链的局限性

1. 发展时间的局限

工程监理 35 年的历史在建筑产业链中稍显稚嫩，起步较晚、手段传统。施工单位开展装配式建筑、智慧建造、智慧工地建设，设计单位实施 BIM 正向设计、数字孪生建设，都是从生产方式、组织模式方面对业务进行重构再造。造价单位也从清单算量升级为 BIM5D 算量，并融入产业链上游转型升级提供建筑数字造价服务。相较之下监理行业整体发展态势较缓慢，缺乏足够的理论与业务研究支撑。

2. 外部环境的局限

虽然《建筑法》中明确了监理的法律地位并使其承担了较高责任，但监理的权力及利益与其承担的责任严重不匹配，导致行业普遍存在高端人才流失、市场无序竞争等问题。多数企业甚至处于生存困难的窘境，更遑论转型升级创新发展。

3. 产业链边界的局限

监理产业链局限于建筑产业链中游环节，呈现数量多、规模小的特点，极度依赖上游环节决策与信息支撑。将监理产业链与全过程工程咨询（以下简称“全咨”）产业链进行对比，如图 1 所示可以看出，全咨业务产业链的延伸有助于提升信息化系统高度，服务多元化有助于提升信息化系统广度，大量的信息数据获取有助于提升信息化系统深度，仅局限于目前的监理业务产业链制约了信息化建设的价值体现。

（二）对新的组织运营模式认知滞后

现如今数字经济蓬勃发展，传统链状价值创造模式已逐渐被网状价值创造模式所替代，监理信息化建设同样需要更新观念，将信息化建设与管理创新、组织创新、运营模式创新有机结合。

将两种模式映射到监理产业链中，可以看出在“链状模式”中，通过将服务销售给不同的业主创造价值，而这种模式的特点通常是一次性的、单向的；在“网状模式”中，其服务不再是点状而形成了“环”，在项目周期的不同阶段都能提供服务，这种模式的特点是可重复的、柔性的、交互的。

（三）数据沉淀、挖掘、管理能力

随着大数据时代的到来，数据成为新的生产要素，大多数企业开始重视数据“沉淀、挖掘、管理、呈现”4项能力建设并尝试将数据资产化。监理在工程项目中能获取的数据范围广，设计、施工、材料、设备等信息一应俱全，但是否具备足够的数据沉淀、挖掘、管理能力，形成数据资产并转化成企业生产力却是在信息化建设中不可回避的问题。

不少监理企业抱有“只要把信息填在平台中或把文件传到线上就可以收集数据”的想法，而这只是“线下变线上”的镜面反射，会导致平台系统存储大量的非结构化数据，难以被计算机识别和利用，数据挖掘困难会导致数据“流量”变小或无法互通，少量的数据不足以支撑统计分析，其后果是信息化建设价值大打折扣，甚至导致信息化与业务层面出现“两张皮”现象。

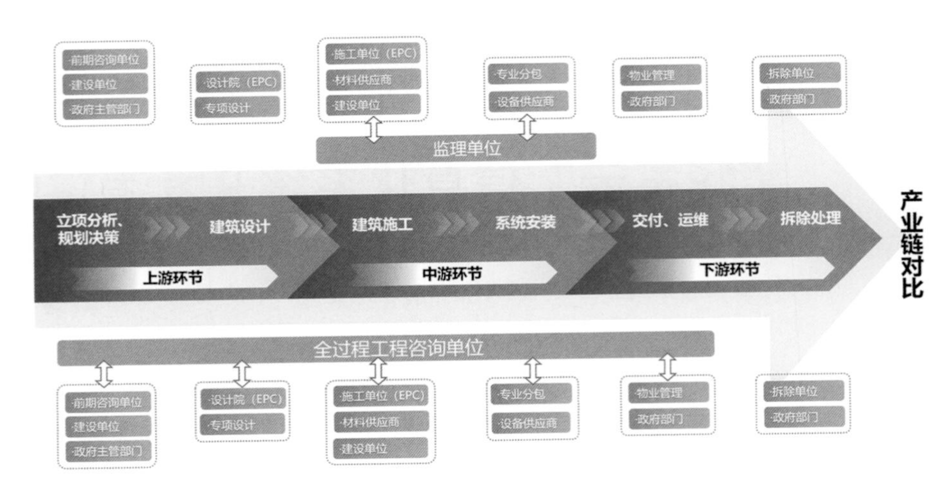

图1 监理产业链与全咨产业链对比

## 二、监理信息化系统研究开发逻辑

鉴于上述三个制约因素的存在，监理企业要做好信息化建设，对信息化系统研发逻辑的研究是关键工作内容之一。

信息化系统研发逻辑与企业内部核心能力建设、品牌价值创造、外部市场环境研究等息息相关。其主要包括课题研究、规划设计、产品开发与服务实施4个单元，每个单元至少与企业12项核心能力相互关联。

（一）课题研究

1. 课题研究对企业的作用

一是沉淀知识与技能。通过课题研究系统地梳理和总结业务流程、管理方法、技术手段、经验教训等，形成规范的文档和资料，成为员工培训教材或为后续的产品开发提供参考和依据。同时，课题研究也可以促进企业员工的知识更新和技能提升，培养良好的学习意识。

二是辅助训练专业化思维。通过课题研究从不同的角度和层次分析解决问题，培养创新思维和系统思维，提高发现问题和解决问题的能力，侧面提升监理服务的效率和质量。

三是保持理论知识更新。通过课题研究了解和掌握最新的业务理论、技术、手段等，通过文献查阅、与国内外同行交流学习，拓展视野和知识面，也可以促进企业与高校、科研机构、行业协会等进行合作，共享不同行业的最新资源和信息。

2. 课题研究目的与实施路径

课题研究目的应以问题为导向，围绕解决“业主堵点、企业痛点、业务难点”而设立目的，一般来说需要符合“SMART原则”，以便进行阶段性评估和结题验收。实施路径主要包括四点：

1）确定课题内容。可面向内部全体员工征集课题内容，也可以通过查阅相关文献资料，了解研究领域的发展现状和前沿动态，找出研究的空白点和切入点作为课题内容。

2）组织评审专题会。从必要性、创新性和实用性三个角度进行课题评审，保证课题方向契合企业发展战略，课题研究能够“锻长板、补短板、填空白”，课题成果具备较高转化价值。

3）研发工作流程。立项决议→制定方案和计划→启动会→开展研究（研究方法可选用行动研究法、案例研究法、经验总结法等）→过程记录→阶段性评估→结题验收。

4）阶段性评估和结题验收。两者旨在围绕研究目的对课题的进展情况、研究成果、存在问题等进行检查和评价，以促进后续工作改进提升。在课题研究过程中因资源不足、外部环境变化等因素导致目的变更、研究失败均为正常现象，此时应及时复盘总结，做好文档记录。

（二）产品设计与开发

在课题研究与成果的帮助下，能够更加系统地做好产品需求和数据埋点的挖掘工作，更加全面地统筹规划业务架构，更加科学地进行技术栈选型，建立适合自身发展规划的信息化建设或其他产品的架构，如图2所示。

1. 基于监理行为与微服务架构的产品开发

在建设架构的指导下，从监理业务和行为的研究开始，做好产品需求和数据架构设计。工程监理信息化系统的主要使用对象是一线员工，主要业务实施也是由一线员工完成，通过挖掘“员工层面”的需求，对现行法规、工程案例、个人经验等素材进行标准作业程序（SOP）研究分析，形成业务标准化手册，并以此作为业务流程依据进行架构设计、数据埋点挖掘和技术栈选型。

以产业链视角看，监理业务SOP具备低耦合的特点，不同业务行为之间影响甚微，与微服务架构设计理念不谋而合。通过设计业务系统架构和数据结构兼顾“业务SOP模块化设计”与“收集结构化数据”，并采用前后端分离开发模式，提高系统适应能力、增强代码可维护性和开发效率。

按照业务系统架构将监理的文件编制、旁站巡视、日志记录、问题管理等日常行为，归纳为“编、审、查、管、报、记”6个基本单元作为功能基础架构，如图3所示。每个单元遵循同一编程逻辑思维，保证在系统功能模块化的基础上，实现项目结构化数据收集与档案电子化交付的额外目标。

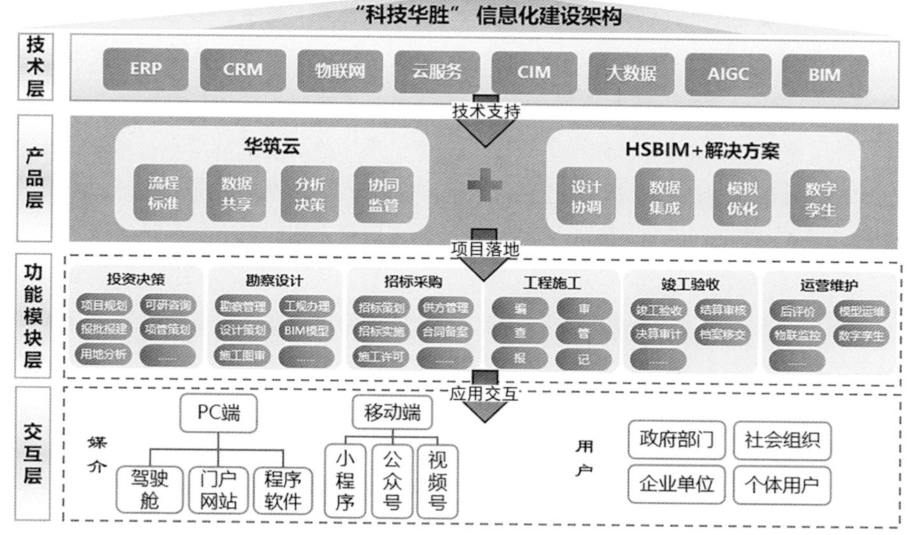

图2 信息化建设架构图

2. 全咨产业链转型推动下的产品迭代

随着政策全面推进转型升级全咨产业、业主对项目价值实现要求的提高、市场竞争环境日益激烈、技术设备不断推陈出新、外地项目监管成本增加，基于监理行为开发的业务系统架构与技术栈的适应性需要重构升级。

1）开发方式的改变

围绕全咨产业链特点与信息化建设架构进行课题研究，采取“敏捷开发”的方式，能够提升产品的灵活性、风险抵御能力和架构适应性，更好地应对外部环境变化。

2）技术架构的改变

基于敏捷开发要求与全咨业务逻辑，在技术架构上，升级微服务架构为“插件式开发架构”，架构模型轻量化，进一步提高产品扩展性和兼容性，使得数据互通和产品对接如同将插头插入插座一般便捷。

3）功能布局的重构

围绕全咨业务“投资决策”“勘察设计”“招标采购”“工程施工”“竣工验收”“运营维护”6个阶段，按照全咨业务SOP进行WBS设计与分解，形成如“项目规划”“施工图审”“竣工决算”等功能模块布局，其中“工程施工”阶段沿袭“编、审、查、管、报、记”功能架构。

4）数据埋点的设置

根据场景逻辑、业务逻辑提炼关键指标，根据WBS节点设置数据埋点，由系统按照WBS自动归档填写信息或内容，并在下一个需要该数据的关联环节时回显，实现“数据驱动流程，流程推动场景，场景交织业务”的精细化管理。

（三）服务实施与优化

工程监理行业的信息化建设不仅仅是课题研发与产品开发，还需要整合文化、管理、技术等要素形成带有品牌特色的服务产品，为业主和社会创造更大价值；而外部环境的影响，又促进了企业信息化建设和企业核心能力建设，这样信息化建设才是一个较为完整的良性闭环。因此，信息化建设成果的应用服务同样重要，主要体现在三个方面。

1. 满足市场复杂化与多样化的需求

企业按照上述研发逻辑，可以根据不同业主的需求和特点，快速提供定制化、差异化的“菜单式”服务，满足业主的多样化、碎片化需求，提高业主满意度和黏性，形成企业核心竞争力。

2. 增强风险抵御能力

企业通过敏捷开发快速迭代产品并实施信息化服务，能及时捕捉市场变化和反馈，使得自身的经营模式和服务方式更为灵活与柔性化，提高企业自身应变能力和市场风险抵御能力，确保企业具备高质量可持续发展能力。

3. 提升数据沉淀、挖掘和管理能力

企业通过服务实施积累大量产业链数据、知识和场景，夯实大数据基础，通过信息化研发逻辑的循环迭代，逐步提升数据沉淀、挖掘和管理能力，形成有价值的数据资产并构建咨询模型，为复杂多变的项目提供具备自主知识产权的，可作分析与决策的服务咨询产品。

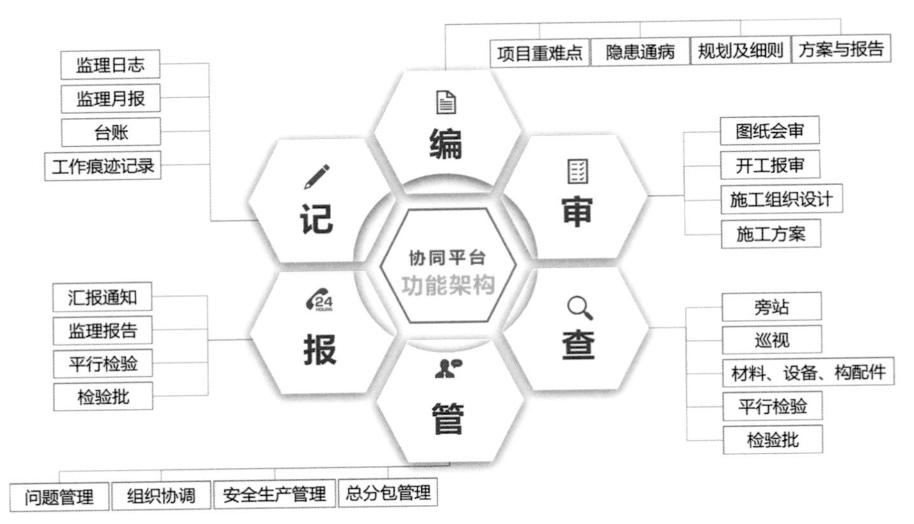


图3　6个基本单元功能划分

## 三、信息化建设的成果

（一）打造企业高端、优良的品牌形象

通过课题研究与产品开发，助力企业建立起“比学赶帮超”的学习研究型组织，提升员工创新意识和综合素质，以企业标准保障服务品质，树立华胜监理、华胜全咨的良好品牌形象；通过知识理论学习与课题研究，获得了60余项知识产权，发表了数百篇有价值的专业论文，自主研发了“华筑云”信息化管理系统，助力企业成为科技型中小企业和国家级高新技术企业，打造“科技华胜”品牌。

（二）培养具备创新意识与专业能力的人才

设立“企业战略发展委员会”“专家咨询委员会”“智慧监管研发中心”，通过开展课题研究、知识技能竞赛，一线项目员工参与信息化建设人数逐年提高，形成了良好的企业内部创新氛围，培养了员工的创新思维和专业技能。

（三）创造效益、增收节支

通过信息化建设，能进一步降低企业运行、项目监管等风险抵御的成本，同时，提高了项目服务的效率与质量，企业市场品牌价值得以提升，最后，结合课题成果与有关产品，可申报科技创新政策优惠或将产品商业化进一步创造价值，提升经济效益。

## 结语

“道阻且长，行则将至；行而不辍，未来可期。”工程监理信息化系统开发研究需要不断更新观念，研究监理产业发展变化，结合企业自身运营管理特点，跳出行业局限，创新组织、业务和管理的认知，从信息化建设架构研究与研发逻辑入手，与企业核心能力建设和市场营销相结合，其信息化建设之路才能更坚实、更宽阔，建筑业高质量发展之路才会有监理人不可或缺的身影。

本文从三个制约因素，结合自身课题研究、产品开发实际经验，通过研究企业信息化建设与企业和市场之间的关系，提出了“研发＋设计＋开发＋服务”的开发逻辑，是监理信息化建设实施路径之一，仍有许多不到之处，仅作抛砖引玉之用。希望有更多的同行走上转型升级创新发展的道路，在建筑行业整体下行的大环境下跳出行业局限、共谋逆势增长。

# 老旧小区改造项目监理履职存在的问题及改进建议

乔亚男
山西协诚建设工程项目管理有限公司

**摘　要：**本文介绍了老旧小区改造项目的特点，总结了老旧小区改造项目监理履职存在的问题并分析其原因，提出一些针对性的改进建议，以期为行业提供参考，不断改进。

**关键词：**老旧小区改造；监理履职；问题；改进

## 一、老旧小区改造项目特点

1. 每年老旧小区改造项目数量多，投资规模大

《国务院办公厅关于全面推进城镇老旧小区改造工作的指导意见》（国办发〔2020〕23 号）文件指出，将城镇老旧小区改造纳入保障性安居工程，中央给予资金补助，按照“保基本”的原则，重点支持基础类改造内容。近些年，政府不断出台政策推进老旧小区改造步伐，2020 年改造 4.03 万个，直接和间接拉动近万亿元更新改造投资；2021 年新开工改造 5.56 万个，2022 年新开工改造 5.25 万个；2023 年新开工改造城镇老旧小区 5.3 万个以上。可以看出老旧小区改造项目数量多，投资规模大。

2. 财政投资居多，监理履职影响财政资金使用效率

老旧小区改造大多使用财政预算资金，属于必须监理的范围，监理的履职成果对改造项目质量、改造资金使用效率、居民的获得感等有较大的影响。

3. 改造项目点多面广，零星工程多，各有特点

老旧小区情况各不相同，对改造内容的诉求也不同，需要改造的内容和改造方式也不同，管理的重点和难点也就不同。

4. 工程实施过程协调工作量大

老旧小区改造一般在不影响居民居住的前提条件下进行，要求快速施工完成，但是小区居住人员多，环境复杂，对施工方法措施和施工进度等都有影响，需要全面统筹协调才能实现改造目标。

5. 拆除作业多

改造一般是在拆除原有部分构件或做法的基础上重新按设计施工。涉及的墙面、护窗、屋面、路面、线路等都可能需要拆改。拆除作业量较大。

## 二、老旧小区改造项目监理履职方面存在的问题

中国政府网于 2023 年 1 月 30 日发布题为《群众反映石家庄市个别老旧小区改造项目施工质量差修复不及时 河北省政府派员实地核查督促当地立行立改》的报道，指出改造工程存在的问题主要是：维修改造工程质量不高，已完工小区内部路面存在多处坑洼，多户居民家中时有漏水，排污管道堵塞、倒灌时有发生；监理单位在项目验收过程中虽然曾向施工企业指出部分存在问题，但在施工企业未整改到位、未重新实地检验的情况下，监理单位和地方政府依旧签署验收单，认定为合格。从报道中可以看出监理在老旧小区改造项目中履职还存在一定的问题，结合实际工作详细分析如下。

（一）施工准备阶段

1. 施工图审核不到位，未能及时发现图纸问题

老旧小区改造项目一般基础资料不全，设计单位提供的改造施工图纸上很多仅描述改造部件和新改的做法，没有具体的尺寸范围，缺少节点设计做法，

施工图设计深度不够，且某些改造做法与现场实际功能需求情况不匹配，造成老旧小区改造工程变更量大，这些问题监理人员应该在开工前图纸审核时提出，提前解决，这样才能有效降低投资超支和进度拖延的风险。

2. 缺少有效的监理工作交底

监理规范要求总监在开工前要组织监理工作交底，让施工单位主要管理人员、监理人员了解施工过程中的管理流程、沟通方式、事项确认原则等，实际中能将监理交底工作做到位的项目管理部较少，以至于在老旧小区改造项目中出现很多施工单位私自进行工程变更，未办理变更手续，监理人员就随意签认验收文件的现象。

3. 收集资料不及时，结算审核争议多

原状隐蔽或者拆除项目是老旧小区改造中普遍涉及的一类工程，也是结算审核中各方最难以确认工程量、争议最多的项目。现场监理人员往往不注重收集这些原始的影像资料，也没有提醒建设单位及早收集原来竣工图纸，带来的结果就是结算审核时，无法准确审核施工单位拆除的项目和相应的工程量，监理人员通常就是施工单位上报多少，批复多少。

（二）施工和验收阶段

1. 质量管理工作不到位

老旧小区改造项目涉及的旁站工程较多，屋面改造、道路改造、墙面节能改造等都涉及隐蔽工程，但是实实在在旁站并做好旁站记录的监理人员很少，往往是事后补一些旁站记录，如果建设单位对档案管理要求不严，这部分资料就缺失了。旁站巡视等监督过程的缺失会带来一些质量控制方面的问题，如某小区改造项目现场核对发现设计墙面保温层厚度是 70mm，现场从窗口等位置测量推算实际的保温层厚度不大于 50mm，说明保温材料的厚度不符合要求，至于保温材料的隔热系数、防火性能等是否符合要求只能通过破坏性抽测来确定。

2. 合同管理和信息管理工作不精细

实际工作中会发现一些超范围计算、重复计算上报的现象，监理人员有时审核不出来，直接就签认了。这说明监理的合同管理和信息管理方面存在问题。老旧小区道路（围墙）改造有些是分批次改造，同一条道路可能分到两批改造中，也可能划分标段时属于不同的施工队伍，这就要求监理人员必须做好合同交底、合同工程界面划分工作，清楚每一家施工单位的施工范围，并且要将每次计量支付信息记录全面，便于结算审核。

3. 不重视投资控制工作，随意签认结算数据

某项目审核时发现，施工单位上报的措施费项目与合同措施不一致、多处工程做法设计与施工不一致，没有办理任何变更手续，提供的竣工图纸也不符合现场要求，监理人员就签认了上报数据。

另外未竣工就签认结算的现象也时有发生，老旧小区项目多采用财政预算资金，有些建设单位急于在计划年度内结算支付相应的款项，即使实际工程进度达不到支付节点要求，可能也会要求提前结算支付。监理人员在建设单位有关人员的授意下就会签认验收资料和结算书。这些给工程投资控制和工程质量带来了很大的风险。

## 三、老旧小区改造项目监理履职不到位的原因分析

（一）低价中标

老旧小区改造项目监理招标很多采用低价中标的评标办法，因项目一般不涉及特殊的技术要求，竞争比较激烈，一般中标价会比较低。监理作为服务行业，其投入现场项目管理的资源主要是专业人员和监视测量设备，专业技术人员工资不会因低价中标降低，为了保本只能采用少委派专业人员、少投入检测设备等策略，这就会导致实际投入老旧小区改造项目的监管力量不能满足点多面广所需监管资源多的项目监管需求，从根本上导致了监理履职不到位。

（二）建设单位不重视监理的职责授权，导致监理人员不管投资

按照监理规范，监理的工作范围包括质量、进度、投资控制，合同管理和信息管理，组织协调以及安全监理职责；实际过程中由于房地产行业业主管理阵容和能力的不断增强，实际委托监理履行的职责逐渐演变成质量控制为主，安全监理和进度控制为辅的一种状态。作为传统房建监理人员习惯性对涉及投资的事项不重视，不注意积累有关投资控制的实证性资料，也不重视对结算事项的审核把关。

（三）建设单位不按规范流程办事

老旧小区改造项目内容比较零散且与居民体验息息相关，可能会随着项目的展开，综合考虑居民的意见、施工建议等进行变更，但是建设单位一般不重视对相关变更的过程管理，没有通过监理下达变更指令，直接就指示施工单位进行修改，这也直接导致施工单位不配合甚至漠视监理指令的问题。

（四）监理企业内部管理制度不健全和制度落实不到位

1. 企业内部成本核算制度和绩效

考核制度在提升监理工作效率的同时，也在一定程度上限制了特殊类型项目的监理履职。企业内部的绩效考核制度和项目成本核算制度的精髓在于要求监理人员提升工作效率，少上人、多办事，但是老旧小区改造项目点多面广、隐蔽工程多的特点决定了实际需要投入的资源多，这就形成了一个供求矛盾。

2. 监理企业内部监管制度落实不到位

根据质量管理体系的要求，一般监理企业都会制定项目监理服务的过程监督检查考核类的制度，规定主管职能部室要不定期对项目部的履约进行监督检查，发现问题要求整改。出现旁站巡视交底投资控制不到位的情况说明企业制度没有落到实处，没有起到应有的作用，需要进一步强化落实。

## 四、提升老旧小区监理工作质量的方法建议

（一）摒弃低价中标的监理服务采购方式

俗话说上有政策下有对策，企业的根本是有利可图，低价中标很容易导致恶意竞争，最后低于成本价中标，其提供的服务水平可想而知。这种采购定标方式在局部来看是节约了成本，实际进行全过程生命周期效果评价会发现委托方投入的会更多。服务类的招标应尽量不采用低价中标的方式。

（二）改进运行管理机制，提升工程质量

健全动员居民参与机制。《关于全面推进城镇老旧小区改造工作的指导意见》指出，在老旧小区改造上，改不改、怎么改、谁出钱，都需要充分征求居民意见。针对不同地区不同项目的具体情况，需要一区一策、一事一议，根据不同老旧小区改造内容的不同，由街道社区、实施运营主体等相关单位与居民协商确定。

居民是小区改造的直接受益者，可以适当引进居民投资资本或在工程开工前向居民进行工程内容和相关参建方职责划分的交底，赋予居民一定的监督权限和限制要求，居民参与监管各方的行为，这样既能发挥居民的人数优势，还能促进工程质量的提升。同时开放居民参与绩效评价的通道，将居民的意见纳入考评要素，定期进行考核，及时改进。

（三）引入全过程审计，督促监理单位规范履约

老旧小区改造项目一般是政府投资，有事后审计制度，建议延伸成全过程审计，加强事前的控制。对设计、施工、监理等各方行为进行审计，及时发现问题，并将影响较大的不良行为列入信用平台，或者在各方合同中约定审计效果与其本期收益相关联，督促其在实施改造过程中不断地提升服务质量。

（四）采取数字化技术手段辅助监理

老旧小区改造项目点多面广，在人力资源有限的情况下，可以借助于摄像监控技术、三维扫描技术、信息沟通平台等现代化技术进行辅助。三维扫描技术可以很好地记录改造项目的原始状况和改造后的表面状况，并且能将相关基础数据准确测量；全程摄像监控技术一定程度上可以辅助进行巡检，并将影像资料保存下来，为后续索赔、变更处理提供依据，避免扯皮，还可辅助隐蔽验收；建立与居民的信息沟通平台，联合居民共同监管，相互监督，发现问题，督促改进，及时反馈，充分发挥居民的主人翁精神。

（五）改进和落实监理企业管理制度，加强培训交底工作

项目实施过程中监理效果的好坏主要受现场监理人员个人素质和责任心的影响。监理单位可以在合同订立之后，找出合同执行过程中的关键点及其监管方式方法，给现场监理人员进行交底，明确哪些事项必须关注到位，哪些需要留下影像资料，公司的监督考评机制要求有哪些等，以便于现场监理人员掌握管理要点和办事流程，更好地开展监理工作。

（六）监理企业应加强履约过程的监督检查考核

监理企业不定期地抽查现场监理的工作情况，进行考核评价，并将其与现场监理人员的收入挂钩，以便激励现场监理人员更好地履职。

## 结语

老旧小区改造是重大民生工程，目前项目监理中还存在一些问题，作者仅提出一些粗浅认识以供参考，希望能引起业界的重视，共同思考如何练好内功，切实提高履约能力，切实提升老旧小区改造项目的质量。

参考文献及资料

[1] 俞庆彬，宋浩，管启明．老旧小区改造项目施工管理要点[J]．项目管理技术，2021（2）：39-43．

[2] 赵希军，于宗新．城镇老旧小区改造工程造价控制措施[J]．云南建筑，2021（2）：150-152．

[3]《关于加强城镇老旧小区改造配套设施建设的通知》（发改投资〔2021〕1275 号）

[4]《国务院办公厅关于全面推进城镇老旧小区改造工作的指导意见》（国办发〔2020〕23 号）

# 监理企业开展全过程咨询服务的深入探索

谭晓宇
天津华北工程管理有限公司

**摘　要：**监理企业向全过程工程咨询转型发展，既是企业适应政策与市场需求的需要，也有助于企业为自身可持续发展寻找新的突破点。本文通过分析监理企业转型升级全过程工程咨询模式的优势及战略，提供相关策略与建议，供业内参考。

**关键词：**全过程工程咨询；监理企业；转型升级；优势；竞争；作用

## 引言

全过程工程咨询自国务院2017年2月明确提出推广至今已是建筑行业稳固有序发展的必然趋势，政策、市场及行业领域也形成了趋向成熟的规则规范。

开展全过程工程咨询顺应政策方向，有助于企业转型发展。近年来，国家对监理行业业务模式的创新开拓给予了充分关注，一直鼓励工程监理企业将业务链进行相关多元化拓展，将价值链向前后延伸。推广全过程工程咨询是国家为工程监理企业转型升级作出了又一次引导，旨在推动企业在业务模式和业务能力上与国际接轨，为企业重塑核心竞争力、升级业务模式创造良好的机会。尽管目前受法律法规跟进不力、全过程工程咨询成功经验不足等不利因素的制约，全过程工程咨询的发展还面临瓶颈，但是积极探索全过程工程咨询发展转型之路，提升综合服务能力，打造水平高、质量优、效益好的优秀工程项目是工程监理企业在竞争中生存和发展的必由之路。培养全过程工程咨询服务能力，抢占全过程工程咨询的制高点，既是企业适应政策与市场需求的需要，也有助于企业为自身可持续发展寻找新的突破点。

政策的引导充分表明，发展全过程工程咨询是监理企业转型升级的特色之路。

## 一、监理企业转型升级全过程工程咨询的优势

### （一）政策优势

2017年2月，国务院办公厅下发《国务院办公厅关于促进建筑业持续健康发展的意见》（国办发〔2017〕19号），首次提出培育全过程工程咨询，并鼓励投资咨询、勘察、设计、监理、招标代理、造价等企业采取联合经营、并购重组等方式发展全过程工程咨询，培育一批具有国际水平的全过程工程咨询企业；2017年5月，住房和城乡建设部下发《住房城乡建设部关于开展全过程工程咨询试点工作的通知》（建市〔2017〕101号），提出实施分类推进，试点地区住房城乡建设主管部门要引导大型勘察、设计、监理等企业积极发展全过程工程咨询服务，拓展业务范围；2017年7月7日，住建部下发《关于促进工程监理行业转型升级创新发展的意见》，提出行业组织结构更趋优化，形成以主要从事施工现场监理服务的企业为主体；以提供全过程工程咨询服务的综合性企业为骨干，各类工程监理企业分工合理、竞争有序、协调发展的行业布局为主要目标，鼓励大型监理企业采取跨行业、跨地域的联合经营、并购重组等方式发展全过程工程咨询，培育一批具有国际水平的全过程工程咨询企业的主要任务；2018

年3月，住房和城乡建设部下发《关于征求推进全过程工程咨询服务发展的指导意见（征求意见稿）》，指出建设单位在项目筹划阶段选择具有相应工程勘察、设计或监理资质的企业开展全过程工程咨询服务，可不再另行委托勘察、设计或监理。

分析国家及相关部委下发的一系列关于全过程咨询政策文件：关于对咨询单位的委托从国家层面鼓励投资咨询、勘察、设计、监理、招标代理、造价等企业发展全过程工程咨询，到各部委引导大型勘察、设计、监理等企业积极发展全过程工程咨询服务，再到住建部针对监理企业转型发展意见中明确以提供全过程工程咨询服务的综合性企业为骨干，各类工程监理企业分工合理、竞争有序、协调发展的行业布局为主要目标可以看出，国家在引导市场以勘察设计及监理企业作为全过程咨询服务重点发展对象，并且只针对监理行业如何通过发展全过程咨询服务模式提高企业核心竞争力，最终实现转型升级创新发展，给出了具体的指导意见。据此，监理企业作为全过程咨询服务提供商的引领者、主力军具有坚实的政策基础！

（二）本质优势

1. 监理制度建立的初衷与全过程工程咨询相统一

“监理”源于FIDIC中的咨询工程师，咨询工程师是受业主委托，对工程的质量、进度、投资进行管控的项目管理机构，也可承担前期可研、设计等咨询工作。中国改革开放以来，为提高管理水平和投资效益，引入工程监理制度。监理制度建立的初衷是对建设工程的前期、设计、招标投标、施工、保修等阶段工作进行全生命周期管理与咨询。然而随着时间的推进，我国监理行业逐渐发展成更多侧重于施工阶段的质量安全管理工作，对过程投资以及前期等基本不涉及，逐渐与监理制度建立的初衷发生偏离。为进一步规范建设程序、推动建筑行业健康发展，2017年国办发19号文首次提出“全过程工程咨询”的概念，2019年住建部和发改委发布联合征求意见稿，明确“在项目决策和建设实施两个阶段，着力破除制度性障碍，重点培育发展投资决策综合性工程咨询和工程建设全过程咨询”。2020年发改委和住建部发布了《房屋建筑和市政基础设施建设项目全过程工程咨询服务技术标准（征求意见稿）》，进一步明确全过程工程咨询的概念为：工程咨询方全过程工程咨询综合运用多学科知识、工程实践经验、现代科学技术和经济管理方法，采用多种服务方式组合，为委托方在项目投资决策、建设实施乃至运营维护阶段持续提供局部或整体解决方案的智力性服务活动。

全过程工程咨询作为智力型服务活动，可以为业主提供从前期投资决策至项目竣工乃至项目运营阶段的咨询和管理，与工程监理制度建立的初衷相统一。全过程工程咨询的推广将是监理行业转型升级的重要突破口。

近十几年来，工程监理企业通过提供全过程项目管理、项目代建服务，已涉足并熟悉了投资咨询、招标采购、前期报建、后期验收、工程造价、绿色建筑、物业运维管理等相关咨询服务领域和相关知识，工程监理企业业已具备向工程咨询上下游产业延伸的能力和条件。

2. 施工阶段的全过程参与有利于三大目标的实现

我国工程监理侧重于施工阶段的“三控两管一协调”，以及安全生产工作，参与建设工程从开工前准备—开工—施工—竣工—保修的全过程，监理团队从进场一直到项目竣工就驻扎在项目现场，相比前期咨询、勘察、设计等团队更加熟悉施工现场，是在施工阶段协助业主管理施工单位的重要力量。

部分监理企业为进一步提升管理水平，在开展监理服务的同时，推进项目管理的实施，已逐步开展监理—项目管理一体化服务管理模式。在此情况下，监理团队不仅可以在行使监理权责的基础上保证建筑产品的质量和安全，更能在一定程度上履行好项目管理职责，对建筑工程的成本及工期进行更好的把控，此类模式的应用，为监理企业转型升级积累了大量的人才及项目管理经验。

监理企业作为业主的委托方，也是疏导各方关系的重要协调方。在把握业主的授权范围内不仅要积极协调与业主方及各个职能部门的关系，还应协调与施工方及现场设计方的工作，保证质量、加快进度、降低能耗。监理相比勘察、设计等各方，与工程建设的各个相关方有更多联系，也一直发挥协调各方关系的角色，更加符合全过程工程咨询中对项目整体进行统筹协调的角色定位。

3. 责任主体身份利于发挥全过程工程咨询的优势

监理作为五方责任主体之一，与建设工程的质量、安全有着直接联系。监理代表业主对施工单位的工程建设质量和安全进行管理。开展工作时相比造价咨询、前期咨询、招标代理机构等需要承担更大的责任，这种意识促使监理企业转型升级成全过程工程咨询企业开展全过程工程服务管理时，在保证进度与投资可控的基础上，同样注重建设工程质量及安全生产工作的管理，也更能保证工程建设项目的顺利完成。

## 二、监理企业转型升级的战略分析

（一）加强资源整合能力，为全过程工程咨询业务蓄力

1. 整合互补资源，积累项目业绩

大部分监理企业受限于企业的资质、服务范围、人员业绩等，单独承接全过程工程咨询业务存在一定难度。为拓展业务市场，可优先选择与其业务互补的企业组成联合体进行投标，共同承接全过程工程咨询业务，可避免短时间内由于其自身限制条件无法开展全过程工程咨询业务的问题，还能在项目开展过程中更好地积累项目经验，为进一步拓展服务范围打下基础。整合互补资源是积累全过程工程咨询业绩的一种方法，更是监理企业开展全过程工程咨询业务的重要手段。

2. 重组企业架构，提供组织保障

大中型监理企业可通过跨行业、跨地域的联合经营、并购重组等方式，补充完善前期咨询、勘察、设计等业务板块，完善相应部门设置，为后续开展全过程工程咨询业务提供组织保障。

（二）优化培训体系，培养全能人才

1. 优化培训体系

高效能的培训体系，不仅能够促使员工增加企业绩效，还有利于吸引留住人才。目前，越来越多的人才选择企业时会更多地关注学习平台和未来发展前景等因素。因此，建立有效的企业人才培训机制是吸引人才、留住人才的重要保障。

为有效解决监理企业人才流失问题，企业内部应构建有效的培训机制，充分了解培训需求，制定人才发展通道，针对不同人群制定不同的培训计划。

2. 培养全能型管理人才

监理企业转型升级成全过程工程咨询企业，不仅需要培养各专项业务人才，而且需要培养企业全能型管理人才。全过程工程咨询业务涉及前期咨询、设计、发承包、施工、竣工及保修等阶段管控内容，项目总负责人不仅要具备各阶段的业务能力，更要具备统筹协调能力，才能做到真正对项目总体进行把关。因此，培养全过程工程咨询项目负责人，一方面可以培养监理企业总监向项目负责人转型；另一方面可以引进企业外综合型管理人才。积极组织相关专业知识培训，不断提升服务能力。为今后开展全过程工程咨询业务储备更多集管理、经济、法律、技术于一身的多层次、高水平、复合型人才。

（三）建立一套完善的管理标准

全过程咨询涵盖的内容远远多于传统监理，不同的全过程咨询内容有不同的侧重点与管理流程。这就要求监理企业在全过程实施过程中制定出各专业的管理制度、实施流程、档案管理方案等。制定出一套可行的、有指导意义的企业标准，还要根据各地不同的地方规定、标准实时调整，并做好收集、整理。完善企业后台建设，总结项目实施过程中的经验教训；鼓励员工探索新的管理手段，在项目过程中及项目结束后做好阶段总结与后评价。

（四）构建企业数据库，提升信息化管理水平

随着政策导向日趋明显，建设方的成本管控需求也逐渐加强，建设数据库不仅能积累经验数据使工作提质增效，还可以避免因人员工作调动等带来的数据丢失问题。因此，构建企业数据库是监理企业转型升级的重要举措。

随着信息化技术的快速发展，大数据、互联网、云计算、BIM等技术也逐渐成熟，数据分析积累系统及智慧工地等先进的信息技术也在工程建设及服务过程中不断被应用及创新，依托这些先进的信息管理技术及工具，对项目进行全过程管理工作，以便提升工作效率。

企业数据库的构建及信息化管理水平的提升将为监理企业转型升级全过程工程咨询提供真实有效的经验数据，也为今后进行深层次的数据分析奠定基础。

## 三、监理企业全过程咨询中起到的作用

全过程咨询服务是以项目管理服务为基础，其他各专业咨询服务内容相组合的全过程工程咨询模式。即采用“1+N”菜单式服务模式，“1”为全过程项目管理服务，服务内容可以涵盖工程全过程，也可以与“N”相对应。“N”为专业咨询服务，是可选项，包括投资决策咨询、招标代理、勘察、设计、监理、造价等。在此模式下，项目管理成为全过程咨询服务的核心。各个咨询模块均对项目有其特定作用和价值，只有通过项目管理对各咨询模块进行资源整合、整体规划并进行过程协调和管理监督，才能使得各方成为以项目目标为共同目标、以项目风险为共同风险的有机融合共同体，真正发挥全过程咨询模式

在实现项目咨询范围边界和责任边界的充分整合，实现咨询专业人员和专业机构、技术与管理以及项目全生命周期的有机整合方面的核心价值。

监理企业在施工现场的主要工作内容概括为“三控三管一协调”，代表业主与各个不同阶段、提供不同咨询服务的供应商发生关联，控制项目实施过程中质量、进度、投资目标的实现，参与项目的合同管理、信息管理、安全管理，并要协调参建各方的关系。在全过程咨询服务的各组成部分中，是与施工现场联系最紧密，最了解现场情况，涉及内容最广的一方。

监理最接近于项目管理，监理企业在开展施工监理的过程中，基于对工程质量、造价、进度的控制，合同信息的管理等自身服务的特点及其在工程建设其他阶段相关服务工作范畴的延展，决定了其可以在全过程咨询中充分发挥桥梁纽带、统筹管理的作用，通过监理企业各阶段的参与，把工程建设从策划咨询到运营保修各个阶段串联起来，形成产业链的完整把控，确保工程建设信息流的相对完整，减少项目过程中的沟通成本，缩短项目工期，达到提高服务质量和项目品质的目的。据此，项目管理的内容其实就是监理工作的延伸，是从决策咨询、勘察设计到工程实施完成的全面监理。

## 结语

在当前工程建设领域全面深化改革的大背景下，工程监理企业应勇于竞争、善于转化，在全过程工程咨询事业的推进中，必将争当先锋，发挥更大作用！

参考文献

[1] 苏锁成．浅谈监理企业如何向全过程工程咨询转型[J]. 建设监理，2020（1）：5.

## 《中国建设监理与咨询》参编单位

| | | | |
|---|---|---|---|
| <br>北京市建设监理协会<br>会长：张铁明 | <br>中国铁道工程建设协会<br>理事长：王同军<br>中国铁道工程建设协会建设监理专业委员会<br>会长：陈璞 | <br>中国建设监理协会机械分会<br>会长：黄强 | <br>京兴国际工程管理有限公司<br>董事长兼总经理：李强 |
| <br>北京兴电国际工程管理有限公司<br>董事长兼总经理：张铁明 | 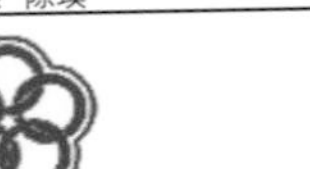<br>北京五环国际工程管理有限公司<br>总经理：汪成 | <br>中国水利水电建设工程咨询北京有限公司<br>总经理：孙晓博 | <br>鑫诚建设监理咨询有限公司<br>董事长：严弟勇　总经理：张国明 |
| 北京希达工程管理咨询有限公司<br>董事长兼总经理：黄强 | <br>中船重工海鑫工程管理（北京）有限公司<br>总经理：姜艳秋 | 中咨工程管理咨询有限公司<br>总经理：鲁静 | <br>北京赛瑞斯国际工程咨询有限公司<br>总经理：曹雪松 |
| 天津市建设监理协会<br>理事长：吴树勇 | <br>河北省建筑市场发展研究会<br>会长：倪文国 | 山西省建设监理协会<br>会长：苏锁成 | 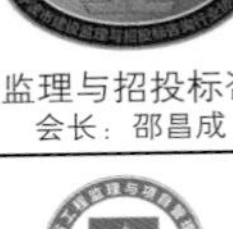<br>宁波市建设监理与招投标咨询行业协会<br>会长：邵昌成 |
| 浙江华东工程咨询有限公司<br>党委书记、董事长：李海林 | <br>公诚管理咨询有限公司<br>党委书记、总经理：陈伟峰 | <br>北京帕克国际工程咨询股份有限公司<br>董事长：胡海林 | 福建省工程监理与项目管理协会<br>会长：林俊敏 |
| 广西大通建设监理咨询管理有限公司<br>董事长：莫细喜　总经理：甘耀域 | <br>同炎数智（重庆）科技有限公司<br>董事长：汪洋 | <br>晋中市正元建设监理有限公司<br>执行董事：赵陆军 | <br>山东省建设监理与咨询协会<br>理事长：徐友全 |
| 福州市全过程工程咨询与监理行业协会<br>理事长：饶舜 | <br>吉林梦溪工程管理有限公司<br>执行董事、党委书记、总经理：曹东君 | <br>大保建设管理有限公司<br>董事长：张建东　总经理：肖健 | <br>上海振华工程咨询有限公司<br>总经理：梁耀嘉 |
| 武汉星宇建设咨询有限公司<br>董事长兼总经理：史铁平 | <br>山东胜利建设监理股份有限公司<br>董事长兼总经理：艾万发 | <br>江苏建科建设监理有限公司<br>董事长：陈贵　总经理：吕所章 | 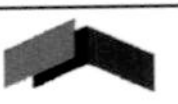<br>连云港市建设监理有限公司<br>董事长兼总经理：谢永庆 |
| <br>山西卓越建设工程管理有限公司<br>总经理：张广斌 | 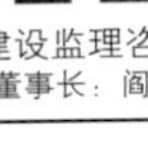<br>陕西华茂建设监理咨询有限公司<br>董事长：阎平 | <br>安徽省建设监理协会<br>会长：苗一平 | 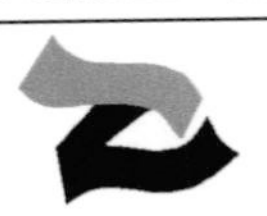<br>合肥工大建设监理有限责任公司<br>总经理：张勇 |
| 浙江江南工程管理股份有限公司<br>董事长兼总经理：李建军 | <br>苏州市建设监理协会<br>会长：蔡东星　秘书长：翟东升 | 浙江嘉宇工程管理有限公司<br>董事长：张建　总经理：卢甬 | <br>浙江求是工程咨询监理有限公司<br>董事长：晏海军 |
| 驿涛工程集团有限公司<br>董事长：叶华阳 | <br>河南省建设监理协会<br>会长：孙惠民 | 国机中兴工程咨询有限公司<br>执行董事：李振文 | <br>长春市政建设咨询有限公司<br>董事长：李慧 |
| 清鸿工程咨询有限公司<br>董事长：徐育新　总经理：牛军 | <br>建基工程咨询有限公司<br>总裁：黄春晓 | <br>河南省光大建设管理有限公司<br>董事长：郭芳州 | <br>方大国际工程咨询股份有限公司<br>董事长：李宗峰 |
| <br>河南长城铁路工程建设咨询有限公司<br>董事长：朱泽州 | <br>北京北咨工程管理有限公司<br>总经理：朱迎春 | 河南兴平工程管理有限公司<br>董事长兼总经理：艾护民 | 湖北省建设监理协会<br>会长：陈晓波 |

武汉华胜工程建设科技有限公司
董事长：汪成庆
湖南省建设监理协会
常务副会长兼秘书长：田英
华春
华春建设工程项目管理有限责任公司
董事长：王莉
长顺管理
Changshun PM
湖南长顺项目管理有限公司
董事长：黄劲松 总经理：黄勇
广东省建设监理协会
会长：史俊沛
DPM
广东监理
广东工程建设监理有限公司
总经理：毕德峰
中国节能
西安四方建设监理有限责任公司
董事长：杜鹏宇 总经理：周建新
重庆市建设监理协会
会长：冉鹏
CISDI 重庆赛迪工程咨询有限公司
Chongqing CISDI Engineering Consulting Co., Ltd.
重庆赛迪工程咨询有限公司
董事长兼总经理：冉鹏
重庆联盛建设项目管理有限公司
总经理：邓泽君
TONGLI
同力项目管理
山东同力建设项目管理有限公司
党委书记、董事长：许继文
渝正信
重庆正信建设监理有限公司
董事长：程辉汉
重大林鸥
LINOU
重庆林鸥监理咨询有限公司
总经理：肖波
二滩国际
Ertan International
四川二滩国际工程咨询有限责任公司
董事长：李卫国
中国华西工程设计建设有限公司
CHINA HUAXI ENGINEERING DESIGN & CONSTRUCTION CO., LTD
中国华西工程设计建设有限公司
董事长：周华
云南省建设监理协会
云南省建设监理协会
会长：杨丽
云南国开建设监理咨询有限公司
董事长兼总经理：黄平
GZJLXH
贵州省建设监理协会
会长：张雷雄
贵州建工监理咨询有限公司
Guizhou Construction Supervision&Consulting Co., Ltd
贵州建工监理咨询有限公司
董事长：张勤 总经理：涂捷
SANWEI
三维建设工程咨询有限公司
董事长：付涛 总经理：王伟星
矩一建管
西安高新矩一建设管理股份有限责任公司
董事长兼总经理：范中东
西安铁一院工程咨询管理有限公司
XI'AN ENGINEERING CONSULTING & MANAGEMENT CO., LTD.FSDI.
西安铁一院工程咨询监理有限责任公司
总经理：张德凌
PM
普迈项目管理集团有限公司
董事长：李三虎 总经理：景亚杰
YMCC
城建咨询
云南城市建设工程咨询有限公司
董事长：杨家骏
HBZYCS
河北中原工程项目管理有限公司
董事长：王亚东
青岛东方监理有限公司
董事长：胡民 总经理：刘永峰
康立
KANL
康立时代建设集团有限公司
董事长：蒋增伙 总经理：鲜涛
山西辰丰达工程咨询有限公司
总经理：孙爱峰
九江市建设监理有限公司
董事长：郭冬生
KUNLUN
ECG昆仑咨询
新疆昆仑工程咨询管理集团有限公司
党委书记、董事长：苏霁
山西省建设监理有限公司
董事长：张建安 总经理：赵帅
山西协诚
山西协诚建设工程项目管理有限公司
执行董事兼总经理：冯长青
山西省煤炭建设监理有限公司
执行董事：崔科斌
山西交控
山西交通建设监理咨询集团有限公司
山西交通建设监理咨询集团有限公司
党委书记、董事长：何晓明
神剑
SHENJIAN
山西神剑建设监理有限公司
董事长：林群 总经理：沈桂权
山西华厦建设工程咨询有限公司
董事长：史毅清
山西新星勘测设计集团有限公司
董事长兼总经理：张廷宝
太原理工大学建筑设计研究院有限公司
党总支书记、董事长、总经理：赵志刚
华电和祥工程咨询有限公司
HUADIAN HEXIANG ENGINEERING CONSULTING CO., LTD.
华电和祥工程咨询有限公司
党委书记、董事长：王贵展
万家寨水控 水电监理公司
山西省水利水电工程建设监理有限公司
党委书记、董事长：张波
长春建业集团股份有限公司
董事长：姜凤霞
SCCA
上海市建设工程咨询行业协会
会长：夏冰
HASIN
华兴咨询
重庆华兴工程咨询有限公司
董事长兼总经理：胡明健
SCA
四川省建设工程质量安全与监理协会
秘书长：付静
ZECSMA
浙江省全过程工程咨询与监理管理协会
常务副会长兼秘书长：吕艳斌
广西建设监理协会
会长：陈群毓
江西同济建设项目管理股份有限公司
总经理：何祥国
呼和浩特建设监理咨询有限责任公司
董事长：张改莲 总经理：张晔
丰润企业
FENGRUN ENTERPRISE
安徽丰润项目管理集团有限公司
总经理：舒玉
顺政通
SHUNZHENGTONG
北京顺政通工程监理有限公司
经理：李海春
江苏赛华建设监理有限公司
董事长：王成武

# 中韬华胜工程科技有限公司

中韬华胜工程科技有限公司始创于2000年8月28日，发源于华中科技大学，系一家国资综合型建设工程咨询高新技术企业。现为中国建设监理协会常务理事单位、《建设监理》副理事长单位、湖北省建设监理协会副会长单位、武汉市工程建设全过程咨询与监理协会会长单位。公司具备工程咨询、工程勘察、工程设计、工程监理、造价咨询、招标代理、项目管理、工程代建、全过程工程咨询、BIM及数字化咨询、运维管理等各专项资质、资格或能力，曾多次参与国家和地方规范标准起草和课题研究工作，在全国工程监理与咨询行业具有较强影响力。

公司始终坚持党对企业的全面领导，通过高质量党建引领公司高质量发展，曾先后参与汶川地震抢险救灾和灾后重建、云南山区精准扶贫、武汉火神山医院建设、武汉新冠疫苗厂房建设、助力红安县乡村振兴等国家应急项目和一系列社会公益活动。

经过二十余年的跨越式发展，公司已赢得较高美誉，连续7次被评为“全国先进工程监理企业”，四十余项工程分别获得“鲁班奖”“国家优质工程奖”“国家市政工程最高质量水平评价奖”“中国建筑工程装饰奖”“中国安装工程优质奖”“中国建设工程钢结构金奖”。随着大数据、云计算、区块链等信息化技术的迅猛发展，公司秉持“以业主需求为中心”的理念，努力建设“规范化、标准化、数智化、个性化”品牌企业。截至2022年底，共获得4项发明专利，16项实用新型专利，21项软件著作权以及若干项省市级科技成果奖，是“国家高新技术企业”“科技型中小企业”。在全过程工程咨询全产业链上培养和造就了一大批懂专业、肯钻研、能创新、勇担当的学习成长型技术人才。当前，公司正在大力推进“信息化管理”“智能化服务”两大工程，积极探索5G时代BIM新技术应用方向，不断建立以业主为中心、以价值为导向的多层级价值链，实现公司科技化服务大发展。

武汉火神山医院（2020年“工人先锋号”）

襄阳东津站枢纽综合配套工程（2022年国家优质工程奖）

中国地质大学新校区图书馆（2020年国家优质工程奖）

光谷同济儿童医院（2022年国家优质工程）

华中科技大学国家光电研究中心（2019年“鲁班奖”）

协和医院金银湖院区（2021年“鲁班奖”）

武汉市蔡甸城市综合服务中心（A地块）（钢结构金奖工程）

武汉轨道交通地铁8号线（2019年武汉“工人先锋号”）

湖北广电传媒大厦

湖北省博物馆三期工程（2022年“鲁班奖”）

湖溪河综合治理工程（全过程工程咨询服务十佳案例）

食品检测实验室基地（中国建筑工程装饰奖）

（本页信息由中韬华胜工程科技有限公司提供）

5A 社会组织

十佳社会组织

# 广东省建设监理协会

应时而生，顺势而为。广东是改革开放的“排头兵”和“先行地”，也是国内最早推行工程监理制度试点的地区之一；随着工程建设管理领域市场化、社会化、专业化改革发展，广东省建设监理协会（以下简称“协会”）在广东省建设行政主管部门牵头下，于2001年7月成立，开启了“政府引导、协会搭台、行业自治、共建共赢”有序发展的组织新模式。协会以《章程》为核心、以社会组织5A等级标准为要求，规范法人治理结构，促进协会健康发展；协会秉承办会宗旨，凝聚广大会员力量、完善自身建设、搭建政企沟通桥梁，为行业发声、为政府参谋、为会员服务，助力行业高质量发展。

踔厉奋发，风雨筑路。近年来，协会多次荣获广东省“十佳社会组织”、广东省社会组织评估5A等级、“优秀社会组织”“全省性社会组织先进党组织”等荣誉称号。作为中国建设监理协会副会长单位，协会历经多年发展沉淀，业已成为全国监理行业会员规模较大的省级协会。截至2023年底，协会单位会员达1119家，个人会员达12.98万人，会员区域覆盖全省21个地级市，监理收入百强单位会员规模和数量连续多年位居全国前列。协会立足行业发展、会员需求，有序开展会员服务工作，引导会员结合自身优势探索行业新业态、多途径转型升级。

深耕行业，立足发展。近年，协会聚焦行业改革，开展前瞻性课题研究，推进行业标准化建设，承接了广东省住房和城乡建设厅委托的《广东省建设工程监理条例》立法后的评估、粤港合作中相关法律法规差异性的课题调研；承办了中国建设监理协会委托的《城市轨道交通工程监理规程》《业主方委托监理工作规程》《装配式建筑工程监理规程》课题调研；自发组建专家、律师团队开展《建设工程监理责任相关法律法规研究》课题调研，并联合广东省安全生产协会制定《广东省建设工程安全生产管理监理规程》团体标准；2022年，承办了中国建设监理协会委托的《监理人员尽职免责规定》课题研究和《城市轨道交通工程监理规程》课题转团标研究。这些成果，为推动行业发展、改革创新提供理论支撑，助力行业高质量发展。

创新不辍，锐意探索。协会关注广大会员服务需求，不断优化会员服务模式。为深度促进“互联网＋会员服务”融合落地，更好适配会员多应用场景的工作需要，协会开发了会员管理信息系统、个人会员教育App，年平均在线学习超3万人次。此外，持续聚焦行业热点话题，构建“一网一刊两号”宣传渠道，树立行业新形象；连续多年推出“安全生产月”“质量月”直播系列讲座，首创沉浸体验式创优工程项目“云观摩”活动等，广受社会各界好评。

大道致远，奋楫共进。协会取经行业前沿，搭建会员沟通交流平台，常态化走访会员单位，召开区域会员单位座谈会，了解会员需求，关注各地营商环境，努力打破行业沟通壁垒；组织会员单位赴各省市行业协会考察学习，组织参加中国建设监理协会举办的经验交流会、中南地区省建设监理协会工作交流会和香港政府举办的“一带一路”高峰论坛等大型活动；此外，定期举办中高层管理者的交流沙龙等活动，促进会员互学互鉴、共研共进。

心怀炬火，逐浪追光。协会始终坚持党建引领，通过党建学习和主题教育活动，加强党支部的组织建设；协会积极倡议会员单位投身社会公益，践行社会责任，弘扬行业正能量。协会将一如既往赓续监理工匠根脉，信守行业服务承诺，充分发挥行业社会组织平台优势，聚拢广大会员共推行业高质量发展，齐创行业新的辉煌！

《建设工程安全生产管理监理工作规程》团体标准发布

“城市轨道交通工程监理规程”课题成果转团体标准研究验收会

组织会员参加中南地区八省建设监理协会工作联席会议

2023 年广东省建设监理协会“质量月”工程观摩交流会

协会党支部积极参与“大爱有声，决胜脱贫攻坚”系列活动，捐赠了爱心善款

协办“内地建筑市场制度与香港业界机遇研讨会”

（本页信息由广东省建设监理协会提供）

项目管理：西安兵器产业园区

信息化：同方知网项目（山西省优质工程）

公共建筑：山西省体育中心（山西“汾水杯”工程）

电力：瓜州风力发电项目

天津中海油装备制造基地建设项目（国家优质工程奖）

石油化工：环氧乙烷项目

政府采购：政府第三方服务经验交流

房屋建筑：太原万达广场商业综合体

市政：华锦污水处理厂

公共建筑：中国（太原）煤炭交易中心综合交易大楼项目（“鲁班奖”）

# 山西协诚建设工程项目管理有限公司

山西协诚建设工程项目管理有限公司成立于1999年1月，注册资本3000万元。中国兵器工业建设协会为公司法人股东单位。公司设有董事会、监事，实行董事会领导下的总经理负责制。公司党委为山西省国防科技工业党委批准成立的省内首家混合所有制企业党委。

公司历经25年的发展，形成健全适用的各类管理制度、工作标准、标准化管理细则、安全管理手册等。质量管理、环境管理、职业健康安全管理及保密管理体系健全并通过认证。构建了以“三书一资料”为企业特色的廉洁自律、诚信服务、标准化、信息化管理体系。

公司具有工程监理综合资质、设备监理甲级资格、地质灾害防治监理乙级资质、环境监理及人防工程监理等专项资质，具有涉密业务单位保密体系建设技术服务资格，是山西省军民融合企业单位。

公司现有各类专业工程技术人员398人，具有中级以上职称的296人，各类国家执业注册工程师161人，省部级注册监理工程师160人，同时还有若干知名专家组成专家委员会。具备为各类建设项目提供工程监理及全过程、全方位管理咨询服务的能力。

公司为适应建设领域智能化建设，数字工地等新形势要求，投资升级了信息化平台建设，进行专业技术培训，并与北京中建维数字技术有限公司开展合作，在天津海洋装备制造、同方知网等项目工程监理中，实施BIM技术的管理应用实践，取得实效。为项目建设智能化、数字化管理奠定了基础。

公司成立以来，承接完成各专业类别建设项目工程监理和咨询管理业务2000余项，其中国防兵工建设项目有169项，积累了丰富的实践经验。特别是在兵器工业相关生产线产能升级改造重点项目的销爆拆除工程监理中，取得开创性的工程监理业绩和贡献。公司还在太原市晋源区、小店区政府采购有偿服务的工程质量、安全管理、工程建设咨询等方面积累了丰富经验，取得较好业绩。

公司于2001年和2006年相继组建山西协诚工程招标代理有限公司和山西北方工程造价咨询有限公司两个子公司。

山西协诚工程招标代理有限公司净资产4000余万元；具有高、中级职称的各类专业人员60多人，并组建有2000多名不同行业和专业的评标专家库。业务遍及全国20多个省、市、区，在北京、太原、西安、河南、内蒙古等地建立了10多个电子评标室，具有年完成开标1200余项次的能力，曾先后承担完成兵器及国防工业系统成套生产线、机电及进口设备、货物采购、建设管理服务及大型重点建设工程招标代理业务1200余项，代理招标项目累计投资额1200亿。得到各委托单位和督查部门的肯定和好评。

山西北方工程造价咨询有限公司具有甲级工程造价咨询企业资质证书、中咨协批准的甲级工程咨询单位资信证书，是山西省财政厅批准的山西省首批PPP项目咨询服务机构，是中国建设工程造价管理协会工程咨询3A级信用企业。业务主要分布山西、河北、陕西、内蒙古、辽宁，近十年累计完成1153项工程咨询业务，完成1451项造价咨询业务。

协诚公司成立25年来，缘于赓续的红色基因，始终牢记“面向社会、服务兵工”的宗旨使命，紧跟时代发展，将打造符合建设项目内在规律需求的综合性、高智能建设管理咨询服务企业作为公司总体发展目标，并全力以赴为建设单位提供优质、高效的建设管理咨询服务。

电　话：0351-5289159/0351-5289157
地　址：山西省太原市万柏林区长风西街60号
华润置地能源大厦21层

（本页信息由山西协诚建设工程项目管理有限公司提供）

詹天佑土木工程大奖：山西新原高速公路雁门关隧道项目

山西浮临高速公路临汾东枢纽项目

李春奖工程：长临高速公路临汾枢纽（山西临汾）

“李春奖”工程：阳蟒高速公路（山西阳城）

“鲁班奖”工程：山西大运高速赵康枢纽（山西临汾）

秦岭终南山隧道（陕西终南山，长度世界第二亚洲第一）

青海大力加山隧道

云南保泸高速公路老营特长隧道(11.5km)

霍永高速公路：国家优质工程奖（山西临汾）

山西太忻高速分布式光伏发电项目

山西高速公路服务区提质升级改造工程

山西高速公路充电基础设施项目

**山西交控**

**山西交通建设监理咨询集团有限公司**

山西交通建设监理咨询集团有限公司（以下简称“山西交控监理集团”）为山西交通控股集团全资子公司。前身是山西省交通建设工程监理总公司成立于1993年5月5日，隶属于山西省交通厅，是全国交通行业知名品牌监理企业，2016年完成公司制改制，2019年进行专业化重组成立监理集团，旗下有子分公司10个。

山西交控监理集团注册资本4亿元，资产总额7.62亿元，拥有交通运输部公路工程监理甲级、公路机电工程监理专项资质；住房和城乡建设部公路工程、市政公用工程监理甲级资质及房屋建筑工程、机电安装工程、化工石油工程、通信工程、电力工程监理乙级资质。所属试验检测机构具有交通运输部公路工程综合乙级资质、住房和城乡建设部公路（市政）类一级试验检测资质，配有种类齐全、覆盖面广的试验检测设备及检测人员。

30多年来，山西交控监理集团及所属公司先后承担了国内25个省份以山西太旧、大运高速公路为代表的600余项4.2万km高等级公路的施工监理任务和700余项高等级公路近万公里的养护监理任务；承监的项目有7项获“鲁班奖”,3项获中国土木工程“詹天佑奖”,2项获“全国市政金杯示范工程奖”，4项获“国家优质工程奖”，6项获交通运输部“李春奖”，20项获北京市“长城杯奖”、山西省“太行杯”“汾水杯奖”“优质工程奖”、甘肃省“飞天奖”、重庆“巴渝杯优质工程奖”、青海省建设工程“江河源杯奖”等奖项。承担的科研项目中，4项获山西省科技进步奖、5项获全国公路“微创新奖”、4项获国家知识产权局“发明专利”、44项获“实用新型专利”、2项获“外观设计专利”、40项获国家版权局“软件著作权”。

山西交控监理集团连续25年保持“三合一”管理体系认证注册资格，2022年5月成为全国交通监理企业中首家通过5A级交通运输服务品质认证的企业。2019—2022年度连续四年在全国公路监理企业综合信用评价及全国公路水运工程试验检测信用评价中均被评为2A级。实施质量强企和标准化战略，主持编制的《山西省公路工程施工监理指南》《公路养护工程监理指南》《公路工程高性能混凝土应用技术规程》等地方标准发布实施，助力企业高质量发展。

山西交控监理集团及所属公司先后荣获交通运输部“全国交通系统先进监理单位”、住建部“全国工程监理先进单位”、中国质量协会“全国用户满意鼎”、中国交通企协“全国交通运输企（事）业诚信建设先进单位”、中国交通建设监理协会“突出贡献会员单位”“优秀品牌监理企业”等荣誉称号。被山西省政府命名为“山西省高速公路建设模范单位”，被省劳动竞赛委员会授予“五一劳动奖状”“重点工程建设功臣单位”，连续多年被命名为“文明单位标兵”。历年来累计共获表彰奖励1100余项，其中省部级以上280余项，为交通监理事业的发展做出了贡献，进一步扩大和增强了山西交控监理集团在国内监理行业的影响力。

电　话：0351-7237301
地　址：山西省太原市平阳路44号

（本页信息由山西交通建设监理咨询集团有限公司提供）

神剑 SHENJIAN

# 山西神剑建设监理有限公司

山西神剑建设监理有限公司，于1992年经山西省建设厅和山西省计、经委批准成立，是具有独立法人资格的专营性工程监理公司。公司具有工程监理综合资质，通过了质量管理体系、环境管理体系、职业健康安全管理体系三体系认证。子公司山西北方工程造价咨询有限公司具有工程造价甲级资质和工程咨询建筑甲级资信证书。

公司注册资本1100万元，主营工程建设监理、人防工程监理、电力工程监理、环境工程监理、安防工程监理、建设工程项目管理、建设工程技术咨询、项目经济评价、工程预决算、招标标底、投算报价的编审及工程造价监控等业务。

公司现有建筑、结构、化工、冶炼、电气、给水排水、暖通、装饰装修、弱电、机械设备安装、工程测量、技术经济等专业工程技术人员482人，并依托工程建设各类专业人员的分布状况，组建了百余个项目监理部，基本覆盖了全省各地，并已相继介入北京、内蒙古、河北、广东、河南、山东等外埠市场，开展了相关业务。在监理业务活动中，遵循“守法、诚信、公正、科学”的准则，重信誉、守合同，提出了“顾客至上、诚信守法、精细管理、创新开拓、绿色环保、节能低碳、预防为主、健康安全、全员参与、持续发展”的管理方针，在努力提高社会效益的基础上求得经济效益。

公司自成立以来，先后承担了近3千项工程建设监理任务，其中工业与科研、军工、化工石油、机电安装工程、市政公用工程、水利水电工程、电力工程、人防工程项目700余项，房屋建筑工程项目2000余项。30年来我们所监理的工程项目通过合理化建议、优化设计方案和审核工程预结算等方面的投资控制工作，为业主节约投资数千万元。同时，通过事前、事中和事后等环节的动态控制，圆满实现了质量目标、工期目标和投资目标，受到了广大业主的认可和好评，曾多次被省国防科工局、省住建厅、市住建局、市建筑工程质量安全站、中建监协、中兵协、省建设监理协会、省建筑业协会、省工程造价管理协会评为先进单位。但我们并不满足现状，将一如既往、坚持不懈地加强队伍建设，狠抓经营管理，奋力拼搏进取。我们坚信，只要将脚踏实地的工作作风与先进科学的经营管理方法紧密结合并贯穿每个项目监理始终，神剑必将成为国内一流的监理企业。

电　话：0351-5258095
地　址：山西省太原市杏花岭区新建北路211号新建SOHO18层

山西省儿童医院新院

临汾市规划三街

太原市公安局泥屯综合警务基地

太原市城市轨道交通2号线控制中心

太原万科紫院

太原滨河体育中心

华润大厦

太原方特东方神画

包哈公路

太原市晋阳湖景区水上文旅创意项目

（本页信息由山西神剑建设监理有限公司提供）

大同方特文化科技产业基地

大同市高铁站北广场综合枢纽项目

大同市玄辰广场建设项目

恒山生态修复工程

京能供热长输管线建设项目

南瓮城广场建设项目

内蒙古伊泰集团准格尔选煤厂

天镇高铁站供电工程

同煤集团北辛窑煤矿矿选煤厂

# 山西新星勘测设计集团有限公司

中国古都，天下大同，山河壮美，风光无限；在这片人文荟萃的热土上，山西新星勘测设计集团有限公司如一颗冉冉升起的璀璨新星，吸引着越来越多的关注和目光。

山西新星勘测设计集团有限公司成立于2000年，法定代表人张廷宝，注册资金5000万元。公司总部设在山西大同，在北京、深圳、海南、太原等地设有分公司。业务范围涵盖所有工程领域，是国内为数不多的资质全、范围广、实力强的综合性工程建设公司。

公司具有工程建设全过程管理资质，拥有工程咨询、测绘、工程勘察、工程设计、工程造价、招标代理、工程监理、工程项目管理、工程施工等资质。2022年，公司取得了工程监理综合资质，可以开展建筑、铁路、市政、电力、矿山、冶金、石油化工、通信、机电、民航等专业工程监理、项目管理及技术咨询业务。

公司拥有电子与智能化、建筑装饰装修、消防设施、建筑、市政、矿山、公路、机电、电力、环保、地基基础、钢结构、建筑机电安装等施工资质。

公司坚持多元化发展，取得了水利部水利工程监理资质和交通部交通水运工程监理资质，赢得了更多广泛的业务机会。

公司业务还涉及康养、休闲、旅游、餐饮等众多行业，下设大同火山峪康养小镇、大同火山峪休闲农庄2个子公司。康养小镇占地约3000亩，投资8.13亿元；休闲农庄占地约1140亩，投资3.2亿元。

公司遵循“以人为本、与时俱进”的管理理念，经过多年的锤炼，已形成一支专业齐全、结构合理、管理精细、作风扎实的人才队伍。目前从业人员350余人，其中一级建筑师、一级结构工程师、公用设备工程师（给水排水）、公用设备工程师（暖通空调）、电气工程师、岩土工程师、环评工程师、测绘工程师、咨询工程师、造价工程师、一级建造师、监理工程师等各类注册人员共计130多人，其中高级技术职称者占40%以上。强大的人才队伍，雄厚的技术实力，确保每项建设工程能够高质量进行。

20多年来，新星人勇于担当，甘于奉献，积极投身工程建设各领域，在全过程工程咨询、工程监理、工程总承包、工程检测、评估评价等方面做出了许多骄人的业绩，在各行业工程建设中留下了坚实而厚重的脚印。

目前，新星集团公司适应新时代的发展要求，依靠全员的智慧和力量，向制定的“百年奋斗目标”奋勇前行。

电　话：0352-5375321
地　址：山西省大同市平城区兴云桥东南角
碧水云天·御河湾54号楼商铺

（本页信息由山西新星勘测设计集团有限公司提供）

# 太原理工大学建筑设计研究院有限公司

太原理工大学建筑设计研究院有限公司隶属于全国211、“双一流”重点院校——太原理工大学，是山西太原理工资产经营管理有限公司全额独资企业，是具有较高水平的研究机构和从事建设工程设计、工程监理、科技成果研发转化、招标代理、造价咨询、项目管理及技术咨询服务的全过程工程咨询综合性企业。

公司具有工程设计建筑行业（建筑工程）甲级资质，市政行业热力工程、排水工程、给水工程、环境卫生工程、道路工程专业乙级资质及水利行业、煤炭行业等多项资质；具有房屋建筑工程、市政公用工程、冶炼工程、电力工程、化工石油工程、机电安装工程等6项甲级监理资质及地质灾害防治工程甲级监理资质。通过了GB/T 19001—2016/ISO 9001:2015质量管理体系、GB/T 24001—2016/ISO 14001:2015环境管理体系、GB/T 45001—2020/ISO 45001:2018职业健康安全管理体系三标一体化认证。

公司现有职工510余人，其中高级职称78人，中级职称158人。拥有各类执业注册人员250余人次，其中一级注册建筑师21人、一级注册结构工程师16人、注册电气工程师（供配电）7人、注册公用设备工程师（给水排水）8人、注册公用设备工程师（暖通空调）11人、注册土木工程师（岩土）4人、注册规划师8人、注册消防工程师3人、一级注册建造师16人、注册咨询工程师23人、一级注册造价工程师18人、注册监理工程师116人、注册化工工程师2人。

公司始终践行校办企业服务于高校教学和科技成果转化的发展理念，构建以企业为主体、市场为导向、产学研深度融合的企业创新发展和创新型人才培养模式。与太原理工大学建筑学、城乡规划学、风景园林学、土木工程等一级学科共同促进，形成合力；以建筑工程为主要研究对象，开展行业所需的共同性、基础性、公益性技术研究，推动行业技术进步。依托太原理工大学“煤炭绿色清洁高效开发利用”学科群的科技资源优势，参与承担多项研究课题任务，为太原理工大学培养博士及硕士研究生和各类国家级注册专业技术人员十余人次。在半导体光电、石化工业废水处理、低碳冶金等领域，逐步形成了以自有技术为核心、对标“双碳”、契合山西省能源结构转型和产业升级的创新整合技术体系。

公司两度荣获中勘协“诚信单位”，荣获新中国成立60周年“山西省十佳设计院”，三度荣获省勘协“优秀企业”等荣誉称号，被认定为山西省首批“装配式建筑产业基地”、山西省第一批建设工程消防设计审查单位、山西转型综合改革示范区五大中心项目专家委员会最主动的成员，并连续多年荣获“山西省先进监理企业”“通联工作先进单位”“理论研究标兵单位”，撰写论文、发表论文和论文获奖标兵单位，企业优秀网站，优秀内刊“金页奖”等荣誉称号。

公司的工程设计项目先后荣获“中国建筑业协会科技进步奖”“全国设计竞赛奖”“国际景观规划设计金奖”“省级优秀建筑设计奖”“厅级优秀建筑设计奖”“省级优秀城市规划设计奖”，山西“太行杯”土木工程大奖等共计160多项；工程监理项目先后荣获“鲁班奖”、国家优质工程奖、全国市政“金杯奖”、国家化学工程优质奖、全国建筑工程装饰奖、“詹天佑奖”共计9项，“汾水杯”“太行杯”、省优级质工程等数十项，“迎泽杯”、市县级优质工程奖数百项，促进了公司的品牌建设，为公司赢得了良好的社会声誉。

公司奉行“业主至上，信誉第一，认真严谨，信守合同”的经营宗旨，“严谨、务实、团结、创新”的企业精神，“创建经营型、学习型、家园型企业，实现员工和企业同进步共发展”的文化理念，“以人为本、规范管理、开拓创新、合作共赢”的管理准则，竭诚为顾客服务，为顾客创造满意的产品，为社会经济可持续发展做出积极的贡献。

电　话：0351-6010640
地　址：山西省太原市万柏林区西矿街53号

科右前旗协鑫20MW光伏电站项目

汾河景区南延伸段工程

天脊煤化工厂区项目

大同市中医医院御东新院工程（国家优质工程奖）

太原理工大学明向校区

山西交通职业技术学院新校区实验楼工程（国家优质工程奖）

山西博物馆工程（中国建设工程鲁班奖）

山西焦煤综合服务基地项目（国家优质工程奖）

山西省应急指挥中心暨公共设施配套服务项目（全国建筑工程装饰奖）

并州饭店维修改造工程（中国建设工程鲁班奖）

忻州师范学院新建项目

路桥金泽华府南寒城中村改造项目（中国土木工程詹天佑奖优秀住宅小区金奖）

（本页信息由太原理工大学建筑设计研究院有限公司提供）

太原第一热电厂六期扩建 2×300MW 机组工程监理（“鲁班奖”）

江苏华电戚墅堰 F 级 2×475MW 燃机二期扩建工程监理（国家优质工程奖）

晋城 500kV 变电站工程监理（中国电力优质工程银质奖）

华润宁夏海原西华山 300MW 风电工程监理（国家优质工程奖）

天津军粮城六期 650MW 燃气 +350MW 燃煤热电联产工程监理（2022 年度中国电力优质工程奖、2021—2022 年度中国安装工程优质奖—中国安装之星）

湖南平江 2×1000MW 煤机监理

云南以礼河四级电站复建工程监理

柬埔寨西哈努克港 2×350MW 燃煤电站工程监理

华电山西盐湖石槽沟 90MW 风电工程项目总承包

张家口—北京可再生能源综合应用示范工程监理（2022—2023 年度国家优质工程金奖）

# 华电和祥工程咨询有限公司

华电和祥工程咨询有限公司（以下简称“华电和祥”）成立于 1994 年，注册资本金 8150 万元，是全国电力行业首批甲级监理企业、中国华电集团有限公司旗下唯一一家“双甲级”监理企业、山西省建设监理协会副会长单位。公司拥有电力工程监理甲级、房屋建筑工程监理甲级资质以及水利水电、通信、矿山、机电安装、市政公用工程监理乙级、工程造价咨询乙级、电力行业（风力发电）专业设计乙级等多项资质。

华电和祥坚持人才是第一资源，坚定实施“内外”双向打造管理咨询专家团队战略。内部，建立优秀青年“人才池”，扎实开展“师带徒”“精准化”培训，组建“专家讲师团”，打造高层次、专业化的专家队伍。外部，聘请行业内知名专家，为公司技术攻关、行业政策研究等方面提供技术支撑。现有员工 1507 人，其中，中共党员 84 人，本科以上学历 536 人，中级及以上专业技术职称 456 人，国家级注册工程师 148 人，省级及行业监理工程师 824 人，电力工程专家 21 人，覆盖了电力建设各个专业，具有丰富的项目管理和工程监理经验。

华电和祥紧跟国家建立新能源为主体的新型电力系统形势，以“碳达峰、碳中和”的发展战略为指引，着力打造新型电力系统下的工程监理、项目管理、工程代建、造价咨询、招标代理、可研设计、检修监理、新能源运维、安全性评价、固定资产审计、工程档案管理、新能源达标投产验收等十二大业务板块。业务范围遍布全国 31 个省、直辖市、自治区及 6 个海外国家。目前公司在监、在管项目 261 个，总容量 4056.8 万 kW；新能源运维项目 43 个，总容量 458.3 万 kW。获取了新能源大基地项目监理业务 12 个，拥有世界级天津海晶盐光互补项目、世界单体最大 180 万 kW 金上西藏光伏项目、世界屋脊海拔 4500m 那曲项目。国内业务版图延伸到祖国最东端黑龙江巴彦风电项目、最西端新疆塔城光伏大基地项目。服务对象除华电集团系统内单位，还涉及华能集团、大唐集团、国家电投集团、国家能源集团、华润集团、京能集团、中电工程、广东恒运、哈尔滨供热集团等多家中央企业和地方企业。已完成国内外风、光、水、火、技改、民建、市政、输变电及新能源运维等项目 1200 余项。

华电和祥多次获得全国电力建设优秀监理企业、全国电力建设诚信典型企业、华电集团安全生产和安全环保先进单位、三晋监理十强等荣誉，连续 20 多年被评为山西省先进监理企业。承揽的项目荣获“鲁班奖”3 项、国家优质工程金奖 1 项、国家优质工程奖 8 项、中国电力优质工程及省部级质量奖项 30 余项，累计收到锦旗、奖杯、表扬信 600 余份，“华电和祥”品牌美誉度和影响力持续提升，有力诠释了“和祥标准”，展现了“和祥担当”，彰显了“和祥精神”。

华电和祥将以党的二十大精神为引领，凝心聚力谋发展，踔厉奋发向未来，为深入贯彻落实华电集团高质量发展目标、打造国际一流的“华电和祥”品牌不懈奋斗！

华电和祥，是您永远值得信赖的工程咨询专家！

电　话：0351-5600023
地　址：山西综改示范区太原学府园区创业街 19 号

（本页信息由华电和祥工程咨询有限公司提供）

万家寨水控 水电监理公司

# 山西省水利水电工程建设监理有限公司

山西省水利水电工程建设监理有限公司成立于1993年3月11日，注册资本6000万元，公司驻地山西省太原市迎泽区南内环街97号万家寨水控专家楼15层，股东万家寨水务控股集团有限公司持股100%，法定代表人张波。

一、主营业务

公司主营业务是工程监理，拥有水利水电工程监理甲级、水利工程施工监理甲级、水土保持工程施工监理甲级资质，水利工程建设环境保护监理和机电及金属结构设备制造监理乙级资质，山西省住建厅颁发的房屋建筑工程和市政公用工程监理乙级、工程造价咨询乙级、公路工程监理丙级等资质。

公司营业范围：水利水电工程监理；房屋建筑工程监理；市政公用工程监理；公路工程监理；农林工程监理；工程移民监理；水土保持工程监理；机电及金属结构设备制造监理；环境保护监理；工程造价咨询；工程勘察设计；各类土木工程、建筑工程、线路管道和设备安装工程及装修工程项目的勘察、设计、施工、监理以及与工程建设有关的重要设备（进口机电设备除外）、材料采购招标的代理；政府采购招标代理；建设项目水资源论证；全过程工程咨询服务。

二、人员情况

公司广集三晋水利战线的技术精英，造就了一支专业门类齐全、技术精湛、爱岗敬业的职工队伍。现拥有注册监理工程师、注册造价工程师、注册安全工程师、注册建造师共达400人以上，多年来从业人员稳定在600人左右，是目前国内水利水电行业具有规模和实力的工程监理单位之一。

三、监理业绩

公司先后承担了万家寨水利枢纽，万家寨引黄、汾河二库，西龙池抽水蓄能电站，娘子关提水二期，张峰水库，新疆引额济乌工程，南水北调应急供水工程，辽宁大伙房输水二期，辽宁大伙房水库输水应急入连工程（三标段），内蒙古呼市小黑河赛罕段工程，四川茂县灾后重建工程，甘肃引洮供水一期和二期，甘肃省中部移民开发供水工程，温州市瓯江引水工程，常山县虹桥溪流域综合治理工程，山西省东山供水，中部引黄，小浪底引黄，辛安泉供水，阳泉市龙华口调水工程，汾河百公里中游示范区等一批国家和省重点工程的监理任务，并走出国门承担了卢旺达姆塔拉、突尼斯克比尔水利工程的监理任务，得到了国家和省、市、县水利行业主管部门、建设单位等多方面的赞誉以及社会的广泛认可，在水利水电行业树立了良好的形象。公司监理的横泉水库、柏叶口水库、溯头水电站等项目获得“大禹奖”“汾水杯”国家和省优质工程奖，拥有TBM、PCCP、堆石面板坝、新材料筑坝、河道生态环境综合治理等核心监理技术。公司省内市场成熟稳定，并以此为依托，进一步扩大省外市场，近三年进入了浙江、云南、宁夏、安徽等省外市场。

电　话：0351-4666686/4666779
地　址：山西省太原市迎泽区南内环街97号
万家寨水控专家楼15层

万家寨引黄入晋工程水利枢纽

张峰水库

大伙房水库输水（二期）工程

南水北调中线工程

柏叶口水库枢纽工程

山西省中部引黄工程

汾河百公里中游示范区先行示范段工程

山西省小浪底引黄工程

应县水务一体化建设PPP项目

引江补汉工程

（本页信息由山西省水利水电工程建设监理有限公司提供）

定襄县“六馆一院”项目荣获 2022—2023 年度第一批国家优质工程奖、2021—2022 年度第二批中国安装工程优质奖（中国安装之星）

临汾市五一路快速通道工程荣获 2022—2023 年度第二批国家优质工程奖

潇河新源智慧运行总部荣获 2022—2023 年度第二批中国建设工程鲁班奖

潇河国际会议中心荣获第十五届中国钢结构金奖（第二批）

山西省人民医院新院区建设项目荣获太原市 2022 年结构“迎泽杯”工程

潇河新城 2 号、3 号酒店项目荣获太原市 2022 年结构优质工程

长治机场航站区改扩建工程（新建航站楼）获 2022 年度山西省建筑业协会“汾水杯”工程

山西基因诊断及药物研发基地项目荣获 2022 年度山西省建筑业协会“汾水杯”工程

高平市委党校迁建项目荣获 2022 年度山西省建筑业协会“汾水杯”工程

智慧绿建示范园荣获 2022 年度山西省建筑业协会“汾水杯”工程

山西华厦建设工程咨询有限公司
Shanxi Huaxia Construction Engineering Consulting Co. Ltd

# 山西华厦建设工程咨询有限公司

山西华厦建设工程咨询有限公司（以下简称“华厦咨询”）属国有企业，为山西建设投资集团有限公司的二级单位，成立于 1997 年 7 月。2021 年公司通过重组整合山西省建筑工程建设监理有限公司、山西华奥建设项目管理有限公司、山西中太工程建设监理公司、山西华翔工程监理有限公司、山西省勘察设计研究院有限公司监理板块，建成集工程监理、招标代理、造价咨询、全过程工程咨询、项目质量安全评价、项目评估、内部审计等为一体的技术咨询服务集团企业，力求打造成为省内行业领先，服务一流，具有核心竞争力的建设工程全过程咨询的集团公司。

企业营业范围：

经过多年的发展和积累，公司主营业务有工程监理（包括房屋建筑、化工石油、市政公用、矿山、电力、机电安装 6 项甲级资质；通信工程、冶炼工程、铁路 3 项乙级资质；人防工程及环境监理等）、工程造价咨询、质量安全技术咨询、工程咨询、招标代理、项目管理、全过程工程咨询等。为业主提供工程项目策划、项目可研及建议书、工程造价咨询、项目招投标代理、工程监理、质量安全技术咨询、工程技术服务、安全技术培训、环境咨询等技术咨询服务。

公司在监理行业中较早通过了质量管理体系认证、环境管理体系认证、职业健康安全管理体系认证，建立了一整套规范化、程序化并行之有效的内部管理制度，为公司的可持续发展提供了保证。

组织架构：

公司现设立职能部门共五部一室，即市场开发部、安全生产部、技术管理部、财务管理部、人力资源部、综合办公室，下设“三子公司、五事业部、十营运中心”：子公司分别为山西中太工程建设咨询有限公司、山西华翔工程项目有限公司、山西华厦安全环境技术有限公司；事业部分别为造价咨询、招标代理（加挂投标工作室）、工程质量安全评价、项目管理、全过程工程咨询；营运中心分别为华厦监理，建工、华奥、晋北、晋西、晋南、晋东南、晋中、京津冀、华厦智库。

人员结构：

公司现有从业人员总数 800 余人，硕士研究生 11 人，本科生 153 人；注册监理工程师 181 人、一级建造师 50 人、注册造价工程师 19 人、注册安全工程师 18 人、咨询工程师 5 人、注册消防工程师 1 人、二级建筑师 1 人；正高级工程师 3 人、高级职称 30 人、中级职称 109 人。拥有建筑工程、市政、电气、供热通风、给水排水、道路桥梁、工程地质勘察、机械设备安装、智能化、测量、通信、矿山、工程造价等相关专业，积累了丰富的项目管理经验，培养了一批德才兼备、专业齐全、结构合理、技术精湛的工程技术人员，搭建了技术管理与咨询的专家“智库”，更好地满足工程管理与咨询的专业化、精细化、体系化的需求，能够为业主提供全方位的优质管理服务。

业绩优势：

自公司成立以来，承揽的各类项目 2000 余项，项目除山西省还有北京、海南、湖北、湖南、陕西、新疆、内蒙古、广西、浙江、天津等，取得了良好的社会效益和经济效益。公司重组整合以来，多项工程荣获“鲁班奖”“中国土木工程詹天佑奖”“中国安全产业建筑行业安全生产标准化奖”“AAA 级安全标准化工地”“全国建筑业绿色施工示范工程”“中国安装工程优质奖（中国安装之星）”“中国钢结构金奖”“中国建筑工程装饰奖”“国家优质工程奖”“国家安全生产标准化示范项目”“汾水杯”“土木工程奖”、省市级“优质工程”、省市“安全标准化工地”等奖项和荣誉。

公司形成了系统化、规范化的全过程咨询管理体系，长期积累的优良信用赢得了客户和合作伙伴的高度认可。

核心理念：守正创新，求实竞上

工作理念：业主需求，合规管控

发展主题：高速度、高质量健康发展

电　话：0351-7064400
地　址：山西转型综合改革示范区唐槐产业园康寿街 11 号
山西智创城 1 号基地 4 号楼 6 层 642 室

（本页信息由山西华厦建设工程咨询有限公司提供）

# 山西省建设监理协会

山西省建设监理协会成立于1996年4月，20多年来，在中国建设监理协会、山西省住房和城乡建设厅以及山西省民政厅社会组织管理局的领导、指导下，山西监理行业发展迅速，已成为工程建设不可替代的重要组成部分。

从无到有，逐步壮大。随着改革开放的步伐，全省监理企业从1992年的几家发展到2023年底的260余家，其中综合资质企业6家，甲级资质企业108家、乙级资质企业139家、丙级资质企业9家。协会现有会员单位296家（含入晋），理事271人、常务理事68人，理事会领导21人，监事会3人。会员单位涉及煤炭、交通、电力、冶金、兵工、铁路、水利等领域。

引导企业，拓展业务。监理业务不仅覆盖了省内和国家在晋大部分重点工程项目，而且许多专业监理企业积极走出山西，参与青海、东北地区、新疆、陕西、海南等10多个外省地区的大型项目建设，还有部分企业走出国门，如纳米比亚、吉尔吉斯斯坦、印尼巴厘岛等。

奖励激励，创建氛围。一是年度理事会上连续9年共拿出79.5万余元奖励参建“鲁班奖”等国优工程的监理企业（企业10000元、总监5000元），鼓励企业创建精品工程。二是连续12年，共拿出25万余元奖励在监理刊物发表论文的1000余名作者，每篇200~500元不等，助推理论研究工作。三是连续6年，共拿出近13.5万元奖励省内进入全国监理百强企业（每家企业奖励10000元），鼓励企业做强做大。四是连续4年，共拿出近8万元，奖励竞赛获奖选手、考试状元等，激励正能量。

精准服务，效果明显。理事会本着“三服务”（强烈的服务意识，过硬的服务本领，良好的服务效果）宗旨，带领协会团队，紧密围绕企业这个重心，坚持为政府、为行业和企业提供双向服务。一是充分发挥桥梁纽带作用，一方面积极向主管部门反映企业诉求，另一方面连续8年组织编写《山西省建设工程监理行业发展分析报告》，为政府提供决策依据；二是指导引导行业健康发展，开展行业诚信自律、明察暗访、选树典型等活动；三是注重提高队伍素质，狠抓培训教材编写，优选教师，严格管理，举办讲座、“监理规范”知识竞赛、“增强责任心 提高执行力”演讲以及羽毛球大赛；四是经验交流，推广企业文化先进经验分享；五是办企业所盼，组织专家编辑《建设监理实务新解500问》工具书等；六是推动学习，连续9年共拿出95万余元为200余家会员赠订3种监理杂志3600余份，助推业务学习；七是提升队伍士气，连续8年盛夏慰问一线人员；八是扶贫尽责，2019年协会与企业向阳高县东小村镇善捐人民币80000元，为传播社会帮扶正能量贡献光和热，协会被省社会组织综合党委授予“参与脱贫攻坚贡献奖”；九是疫情献爱，2020年协会和会员单位等共为抗击疫情捐款捐物折合人民币50万余元，协会还为坚守在疫情防控一线的基层社区工作人员和志愿者们送上了饼干、牛奶、方便食品等价值万余元的生活物品，2020年4月1日，《中国建设报》第2版登载《逆行最美 大爱无疆——监理人大疫面前有担当》系列报道，内容介绍了山西监理13家会员单位和协会献爱心暖人心，积极开展捐款捐物活动的内容；十是助学示情，2020年协会向“我要上大学”助学行动筹备组捐款3万元，为考入大学的寒门学子尽绵薄之力，协会荣获中国助学网、省社会组织促进会、原平市爱心助学站颁发的“爱心助学，功德千秋”荣誉牌匾。

不懈努力，取得成效。近年来，山西监理行业的承揽合同额、营业收入、监理收入等呈增长态势。协会的理论研究、宣传报道、服务行业等工作卓有成效，赢得了会员单位的称赞和主管部门的认可。先后荣获中国建设监理协会各类活动“组织奖”5次；山西省民政厅“5A级社会组织”荣誉称号3次；山西省人社厅、山西省民政厅授予的“全省先进社会组织”荣誉称号；山西省建筑业工业联合会授予的“五一劳动奖状”荣誉称号；山西省住房和城乡建设厅“厅直属单位先进集体”荣誉等。

面对肩负的责任和期望，公司将聚力奋进，再创辉煌。

（本页信息由山西省建设监理协会提供）

中国社会组织评估等级证书

山西省建设监理协会：

经评估，你单位被评为AAAAA级社会组织，特颁此证。

山西省民政厅

二〇一九年三月

协会三度荣获山西省民政厅“5A级社会组织”荣誉证书

荣誉证书

山西省建设监理协会

被评为全省先进社会组织，特发此证。

山西省人力资源和社会保障厅

山西省民政厅

二〇一三年十一月

2013年11月山西省人社厅、民政厅联合授予协会“全省先进社会组织”殊荣

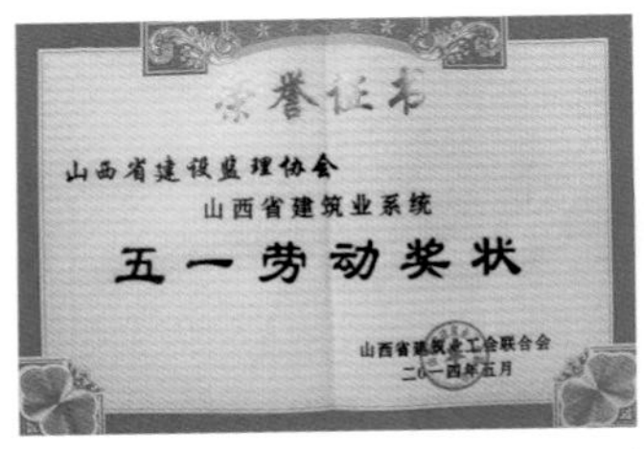
荣誉证书

山西省建设监理协会

山西省建筑业系统

五一劳动奖状

山西省建筑业工会联合会

二〇一四年五月

2014年5月荣获山西省建筑业工会联合会表彰的“五一劳动奖”称号

2020年6月协会荣获“参与脱贫攻坚贡献奖”

2019年12月中国建设监理协会王早生会长莅临协会指导并与协会领导和秘书处同志们合影留念

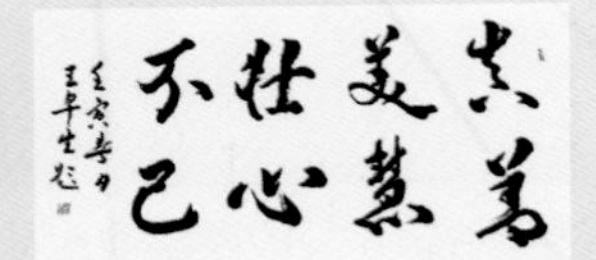

2022年2月中国建设监理协会王早生会长为协会第三、四届会长唐桂莲题字“真善美慧 壮心不已”

2022年2月中国建设监理协会王早生会长为山西监理行业题字“工程卫士 建设管家”

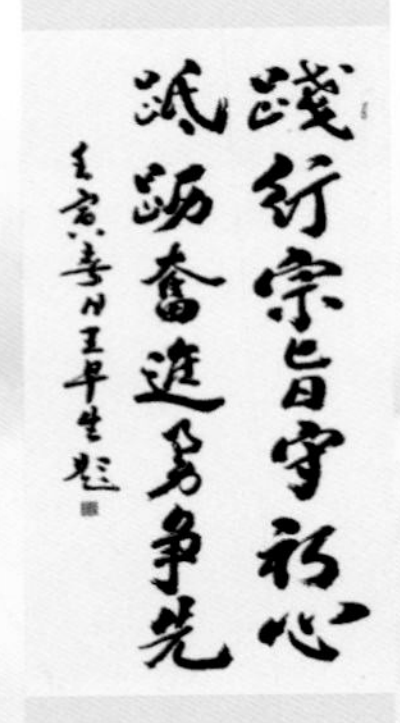

2022年2月中国建设监理协会王早生会长为山西监理协会题字“践行宗旨守初心 砥砺奋进勇争先”

电　话：0351-3580132
邮　箱：sxjlxh@126.com
地　址：太原市建设北路85号

2023 年 3 月 29 日贵州省建设监理协会会长张雷雄一行赴黔西南州监理企业开展调研座谈工作

2023 年 4 月 27 日贵州省建设监理协会召开五届第二次理事会暨 2022 年年会

2023 年 6 月 30 日贵州省建设监理协会党支部组织主题党日活动

2023 年 11 月 8 日中共贵州省建设监理协会支部组织主题党日活动

2023 年 11 月 7—10 日秘书长王伟星一行在贵阳贵安多个项目部和监理企业考察调研

“红飘带”长征数字科技艺术馆建设工程

贵阳市天合中心 3 号楼（获贵州“黄果树”杯）

贵州省黔西南州农村信用社大楼（获贵州“黄果树”杯）

# 贵州省建设监理协会

贵州省建设监理协会是由主要从事建设工程监理业务的企业自愿组成的行业性非营利性社会组织，接受贵州省民政厅的监督管理和贵州省住房和城乡建设厅的业务指导，于 2001 年 8 月经贵州省民政厅批准成立，2022 年 5 月经全体会员代表大会选举完成了第五届理事会换届工作。贵州省建设监理协会是中国建设监理协会的团体会员及常务理事单位，2023 年 11 月，经贵州省民政厅组织社会组织等级评估，被授予 5A 级社会组织称号。现有会员单位 437 家，监理从业人员约 3.4 万多人，注册监理工程师约 4683 人。协会办公地点在贵州省贵阳市观山湖区中天会展城 A 区 101 大厦 A 座 20 层。

贵州省建设监理协会以毛泽东思想、邓小平理论、“三个代表”重要思想、科学发展观、习近平新时代中国特色社会主义思想为指导，增强“四个意识”，坚定“四个自信”，做到“两个维护”，遵守宪法、法律、法规和国家政策，遵守社会道德风尚。协会以“服务企业、服务政府”为宗旨，发挥桥梁与纽带作用，贯彻执行政府的有关方针政策，维护会员的合法权益，认真履行“提供服务、反映诉求，规范行为”的基本职能，热情为会员服务，引导会员遵循“公平、独立、诚信、科学”的职业准则，维护公平竞争的市场环境，强化行业自律，积极引导监理企业规范市场行为，树立行业形象，维护监理信誉，提高监理水平，促进我国建设工程监理事业的健康发展，为国家建设更多的安全、适用、经济、美观的优质工程贡献监理力量。

协会业务范围：致力于提高会员的服务水平、管理水平和行业的整体素质。组织会员贯彻落实工程建设监理的理论、方针、政策；开展工程建设监理业务的调查研究工作，协助业务主管部门制定建设监理行业规划；制定并贯彻工程监理企业及监理人员的职业行为准则；组织会员单位实施工程建设监理工作标准、规范和规程；组织行业内业务培训、技术咨询、经验交流、学术研讨、论坛等活动；开展省内外信息交流活动，为会员提供信息服务；开展行业自律活动，加强对从业人员的动态监管；宣传建设工程监理事业；组织评选和表彰奖励先进会员单位和个人会员等工作。

第五届理事会轮值会长为张雷雄，常务副会长兼秘书长王伟星，9 家骨干企业负责人担任副会长。本届理事会设有监事会，监事会主席周敬。本届理事会推举杨国华同志为名誉会长，傅涛同志为荣誉会长。聘请杨国华、汤斌二位同志为协会顾问。

本协会下设自律委员会、专家委员会和全过程工程咨询委员会，在遵义、兴义、铜仁三地设立了工作部。秘书处是本协会的常设办事机构，负责本协会的日常工作，对理事会负责。秘书处下设办公室、财务室、培训部、对外办事接待窗口。

（本页信息由贵州省建设监理协会提供）

康立 KANL

# 康立时代建设集团有限公司

康立时代建设集团有限公司前身为四川康立项目管理有限责任公司，成立于2000年，现已发展为具有住建部工程监理综合资质，水利部水利工程施工监理甲级、水土保持工程施工监理甲级、机电及金属结构设备制造监理甲级、水利工程建设环境保护监理不定级资质，造价咨询甲级资质，交通部公路工程监理、人防监理、项目管理一等、政府采购、招标代理、工程咨询、工程勘察、工程设计、工程施工等多项资质资格的大型综合性集团公司。

康立集团始终坚持"客户至上，诚信务实，团结协作，创新共赢"的价值观，不断完善管理和质控体系，已经构建了高效的组织机构，健全了可控的质量体系，建立了完善的企业标准，形成了科学的培训机制，拥有了高素质的人才队伍。集团现有各类技术管理人员近3000人，国家级各类注册人员700余人，省级监理岗位资格人员2000余人，高级工程师300余人。集团已完成工程建设服务的房屋建筑面积近两亿平方米，市政公用工程投资超2000亿元，水利水电投资近1000亿元，其他工程总投资近1000亿元，目前正在参与的工程项目超500个。

康立集团现为中国建设监理协会理事单位、四川省建设工程质量安全与监理协会会长单位、成都建设监理协会会长单位，已连续十年进入中国监理行业五十强和四川省五强，历年均被评为部、省、市优秀监理企业。集团始终"不忘初心、服务社会"，随着2020年集团党支部成立和2022年发展成为康立时代建设集团公司，集团发展进入了一个崭新的阶段。

二十余载的风雨兼程，康立人用勤劳的双手建造了一栋栋大厦，也铸造出一座座丰碑。

——七项鲁班奖！

——二十余项国家优质工程奖！

——八十余项天府杯奖！

——百余项芙蓉杯奖、蜀安奖、两项土木工程詹天佑奖、三项中国钢结构奖！

展望未来，任重而道远。集团将以博大的胸襟、精湛的技术，努力开拓更多领域，成为具有强大综合实力的工程管理企业，成为行业的领跑者和最受尊重的企业，努力实现"让工程服务值得信赖，让生活幸福安宁美好"的历史使命。康立时代建设集团以真诚开放的态度，热忱积极的决心，诚邀合作。

合作联系：李红梅
联系电话：13981915517
集团电话：028-81299981
集团地址：四川省成都市成华区成华大道杉板桥669号

成都市双流国际机场新航站楼枢纽工程

（本页信息由康立时代建设集团有限公司提供）

天府国际机场民航科技创新示范区一期全过程咨询

成都露天音乐公园（"鲁班奖""詹天佑奖""钢结构金奖"）

成都丰德成达中心（楼高210m，"鲁班奖"）

成都金融城交易所大厦

腾讯（成都）大厦（国家优质工程奖）

成都2021年第31届世界大学生夏季运动会主会场基础设施及智慧交通安保建设

成都市二环路高架西段项目

四川永祥光伏硅材料制造技改项目（"鲁班奖"）

成都市第二人民医院龙潭医院建设项目（"鲁班奖"）

海南省三亚市西水中调工程

金沙江白鹤滩水电站巧家县移民房屋与市政工程项目